C.H.BECK ■ **WISSEN**

in der Beck'schen Reihe

Mit Max Plancks Entdeckung des nach ihm benannten Wirkungsquantums im Dezember 1900 beginnt das Zeitalter der modernen Physik. Es ist durch die Entwicklung neuer Theorien gekennzeichnet, die über die klassischen Gesetze hinausgehen: einerseits Einsteins Relativitätstheorien von 1905 und 1916, andererseits die Quantenmechanik (1925/26). Charakteristisch für die Geschichte der modernen Physik ist die enge Verzahnung experimenteller und theoretischer Entdeckungen. Ein Schwerpunkt der Darstellung ist die Kernphysik, die Aufklärung des Aufbaus des Atomkerns und seiner Bestandteile und der zwischen diesen wirkenden Kräfte. Auch die Geschichte wichtiger Anwendungen der modernen Physik vom Kernreaktor bis zum Laser wird geschildert.

Siegmund Brandt, geb. 1936, ist em. Professor für Physik an der Universität Siegen. Mit seiner Arbeitsgruppe war er Mitglied mehrerer internationaler Kollaborationen, die Experimente zur Elementarteilchenphysik an den Forschungszentren DESY in Hamburg und CERN in Genf ausführten. 2009 ist von ihm bei Oxford University Press erschienen: *The Harvest of a Century – Discoveries of Modern Physics in 100 Episodes.*

Siegmund Brandt

GESCHICHTE DER MODERNEN PHYSIK

Verlag C.H.Beck

Mit 34 Abbildungen im Text

Originalausgabe
© Verlag C.H.Beck oHG, München 2011
Druck und Bindung: Druckerei C.H.Beck, Nordlingen
Umschlaggestaltung: Uwe Göbel, München
Printed in Germany
ISBN 978 3 406 62176 5

www.beck.de

Inhalt

Vorwort

Als *klassisch* bezeichnet man die Teilgebiete der Physik, für die um 1900 befriedigende Theorien vorlagen. Dazu gehörte als Vorbild-Theorie die auf Newton zurückgehende Mechanik, aber auch die Wärmelehre (Thermodynamik) und die Lehre von Elektrizität und Magnetismus (Elektrodynamik) einschließlich der Optik als Lehre der Ätherwellen.

Diese Theorien sind allerdings nicht unbegrenzt gültig, wie insbesondere Planck (1900) und Einstein (1905) zeigten. Sie werden vielmehr durch die Existenz zweier Naturkonstanten, des Planckschen Wirkungsquantums und der Lichtgeschwindigkeit, eingeschränkt. Aus dieser Erkenntnis entstanden die Quantenmechanik und Einsteins Beschreibung von Raum und Zeit, die Relativitätstheorie. Beide bestimmen besonders die Physik der Atome und ihrer Bausteine, die in den klassischen Theorien nicht auftreten. Unter *moderner Physik* verstehen wir deshalb, knapp gesagt, unser Wissen über die mikroskopische Struktur der Materie und über die Struktur von Raum und Zeit. Hier versuchen wir, ihre geschichtliche Entwicklung zu umreißen und gleichzeitig, in zwölf Kapiteln, grobe Skizzen der wichtigsten Teilgebiete der modernen Physik zu entwerfen.

Die *Realität der Atome* (Kapitel 1) zeigte sich im Verlauf des 19. Jahrhunderts; an seinem Ende stellte sich heraus, dass sie nicht, wie der Name andeuten soll, unteilbar sind, sondern noch kleinere Objekte enthalten: die Elektronen. In Kapitel 2 besprechen wir Entdeckung, Untersuchung und Anwendung der *Radioaktivität*, einer Eigenschaft der Atome des Urans und anderer schwerer Elemente, spontan verschiedene Arten von Strahlung auszusenden. Mit einer dieser Strahlungsarten gelang es erstmals, die räumliche Struktur der Atome zu untersuchen: Ein winziger Atomkern enthält fast die gesamte Masse des Atoms;

er wird von Elektronen umgeben, die die sehr viel größere Atomhülle bilden.

Diese *Atomhülle und die frühe Quantentheorie* sind das Thema von Kapitel 3. Die Grundlagen dieser Theorie sind die Existenz des Planckschen Wirkungsquantums, der Begriff des Lichtquants (jetzt gewöhnlich Photon genannt) und das Postulat gewisser «Quantenregeln», deren Geltung im Atom zusätzlich zu den Regeln der klassischen Mechanik angenommen wurde. Auch die erste Beschreibung des «Spins», des sonderbaren Eigendrehimpulses des Elektrons und anderer Teilchen, gehört zur frühen Quantentheorie. Wir erzählen in Kapitel 4, wie Einstein 1905 innerhalb weniger Monate die *spezielle Relativitätstheorie* entwickelte einschließlich der berühmten Beziehung, die Energie und Masse verknüpft. In seiner *allgemeinen Relativitätstheorie* (Kapitel 5) fand er in den Jahren 1907–1915 einen engen Zusammenhang zwischen Masse, Gravitation und der Struktur des Raumes.

Die *Quantenmechanik* (Kapitel 6) entstand 1925/26. Sie wurde 1928 durch Einschluss des Spins erweitert und mit der speziellen Relativitätstheorie in Einklang gebracht; in dieser Form sagt sie die Existenz von Antiteilchen voraus, deren erstes 1932 entdeckt wurde. Eine langwierige Aufgabe war die korrekte quantenmechanische Beschreibung nicht nur der materiellen Teilchen, sondern auch der elektromagnetischen Strahlung. Sie wurde 1949 abgeschlossen. Die Theorie, in dieser Form Quanten-Elektrodynamik genannt, beschreibt in allen Einzelheiten die «elektromagnetische Wechselwirkung». Von zentraler Bedeutung ist darin, dass die Wechselwirkung zwischen zwei geladenen Teilchen über den Austausch eines Photons zwischen ihnen bewirkt wird.

Seit 1932 wusste man, dass der Atomkern aus positiv geladenen Protonen und ungeladenen Neutronen besteht und dass eine neue, die «starke» Kraft nötig war, den Kern zusammenzuhalten. Eine weitere, die «schwache» Kraft wurde zur Erklärung einer speziellen Form der Radioaktivität gebraucht. In der *Kernphysik* (Kapitel 7) gelangen aufsehenerregende Entdeckungen. So wurde die künstliche Erzeugung neuer Isotope und sogar neuer Elemente möglich. Ungeahnte Energiemengen wurden bei der Spaltung schwerer und bei der Verschmelzung leichter Atome freigesetzt. Längere Zeit nahm man an, die starke Wechselwirkung werde durch den Austausch eines mittelschweren «Mesons» zwischen den Nukleonen (Protonen und Neutronen) bewirkt. Alle stark wechselwirkenden Teilchen, einschließlich Nukleonen und Mesonen, heißen heute Hadronen.

Ab Ende der 1940er Jahre wurden immer mehr *Hadronen* (Kapitel 8) entdeckt. Aus deren Eigenschaften ließ sich später ablesen, dass sie aus fundamentalen Teilchen, den Quarks, zusammengesetzt sind. *Quarks und Leptonen* (Kapitel 9) sind die Bausteine der Materie. Es gibt offenbar drei Generationen von beiden; jede umfasst zwei Quarks und zwei Leptonen. Für gewöhnliche Materie (aus der wir bestehen) reicht die erste Generation aus. Deren Quarks tragen die Namen «up» und «down»; die zugehörigen Leptonen sind das Elektron und sein schwer zu fassender Partner, das Elektron-Neutrino. Die Kräfte zwischen den fundamentalen Teilchen werden durch *Eich-Bosonen* (Kapitel 10) vermittelt. Das Boson der elektromagnetischen Wechselwirkung ist natürlich das Photon. Nach dem Vorbild der Quanten-Elektrodynamik wurden Theorien der starken und der schwachen Wechselwirkung entwickelt, die sich durch die Eigenschaften ihrer Eich-Bosonen und deren Kopplung an Quarks und Leptonen unterscheiden. In den 70er und 80er Jahren des letzten Jahrhunderts wurden diese Bosonen tatsächlich entdeckt.

In den beiden letzten Kapiteln skizzieren wir die Geschichte einiger wichtiger Entdeckungen im Bereich der *kondensierten Materie* (Kapitel 11) und ausgewählter *Anwendungen der modernen Physik* (Kapitel 12).

Herrn Dr. Tilo Stroh danke ich herzlich für die sorgfältige Durchsicht des Textes. Meinem Sohn Prof. Dr. Martin S. Brandt verdanke ich die Anregung zu diesem Buch; es ist seinen Töchtern Viktoria, Carolin und Julia gewidmet.

Siegen, im März 2011   Siegmund Brandt

1 Die Realität der Atome

Frühe Versuche einer rationalen Erklärung der Natur machten die Philosophen im antiken Griechenland. Zu Beginn des 6. Jahrhunderts v. Chr. betrachtete Thales von Milet alle Stoffe als aus einer einheitlichen «Primärmaterie» entstanden (er meinte, aus Wasser). Später wurden mehr und wechselnde solcher Urstoffe diskutiert, aus denen sich schließlich die vier *Elemente* entwickelten: Erde, Wasser, Feuer und Luft. In der ersten Hälfte des 5. Jahrhunderts v. Chr. lehrte Leukipp, die Materie bestünde aus *Atomen*, winzigen harten, unteilbaren Objekten. Diese Lehre wurde von seinem Schüler Demokrit weiterentwickelt und verbreitet. Es entspann sich ein philosophischer Disput zwischen Atomisten und Antiatomisten, der erst um die Wende vom 19. zum 20. Jahrhundert endgültig entschieden wurde. Ein wiederkehrendes Argument der Antiatomisten war, dass zwischen den Atomen notwendig nichts sei, dass aber das Nichts (die völlige Leere, das *Vakuum*) nicht sein könne. Die Atomisten verknüpften die Begriffe Atom und Element. Platon gab den Atomen die Formen der regelmäßigen geometrischen Körper: Tetraeder (Feuer), Würfel (Erde), Oktaeder (Luft), Ikosaeder (Wasser). Aristoteles, Platons Schüler, verneinte die Existenz von Atomen. Aus ihren Schriften können wir schließen, dass, zwei Jahrtausende später, Newtons Sichtweise atomistisch und die von Leibniz antiatomistisch war und dass Kant seine Einstellung von Ersterer zu Letzterer änderte. Die Frage wurde letztlich durch das Experiment entschieden, aber nicht ohne Einführung einer neuen Definition der Elemente und nicht ohne Veränderung des Atombegriffs. Wir betrachten jetzt kurz die Evidenz für die Realität der Atome, die im 19. und frühen 20. Jahrhundert zusammengetragen wurde.

1.1 Chemie

Grundlegende chemische Methoden waren und sind *Synthese* (Erzeugung einer Verbindung aus einfacheren Stoffen) und *Analyse* (Zerlegung einer Verbindung). Stoffe, die nicht weiter zerlegt werden konnten, hießen elementare Körper oder einfach *Elemente*. Um 1800 kannte man als Elemente Sauerstoff, Wasserstoff, Stickstoff, Kohlenstoff, Schwefel, Phosphor und etliche Metalle. Zwischen 1802 und 1808 stellte Dalton in Manchester seine Gesetze der konstanten und multiplen Proportionen auf: Kann ein Stoff *C* aus zwei anderen, *A* und *B*, gebildet werden, so müssen diese in einem ganz bestimmten Massenverhältnis vorliegen. Anderenfalls bleibt etwas von einem der beiden Ausgangsstoffe übrig. Können verschiedene Stoffe aus *A* und *B* gebildet werden, so sind die entsprechenden Massenverhältnisse einfache Vielfache voneinander. Dieser Befund führte Dalton zu der Annahme, dass die Elemente aus unteilbaren, unzerstörbaren «letzten Teilchen» bestehen, den *Atomen*: «Atome des gleichen Elements sind einander ähnlich und haben das gleiche Gewicht.» Die letzten Teilchen von Verbindungen sind identische Kombinationen von elementaren Atomen. Dalton nannte sie unglücklicherweise auch Atome; heute heißen sie *Moleküle*. Aus Daten über Massenverhältnisse gewann Dalton eine Liste von *Atomgewichten*, indem er das Gewicht des Wasserstoffatoms zu 1 setzte. Wir sprechen heute lieber von einer *Atommasse* oder, besser noch, von einer *atomaren Massenzahl*, weil nur ein Zahlenverhältnis gemeint ist. Die heute gebräuchliche Art, die Elemente und ihre Atome durch ein oder zwei Buchstaben zu kennzeichnen, wurde 1814 von Berzelius eingeführt. Man schreibt beispielsweise H für Wasserstoff, N für Stickstoff, O für Sauerstoff, Fe für Eisen. In dieser Notation lautet die Bezeichnung für Wasser H_2O; jedes Sauerstoffatom ist an 2 Wasserstoffatome gebunden.

In den Jahren 1815 und 1816 veröffentlichte Prout, ein in London praktizierender Arzt, zwei Arbeiten, in denen er die Atommassen etlicher Elemente untersuchte. Er betonte, dass sie ganzzahlige Vielfache der Atommasse des Wasserstoffs seien, und schloss: « ... wir können beinahe die $\pi\rho\omega\tau\eta\ \upsilon\lambda\eta$ [prote hyle, d. h. Primärmaterie] der Alten als im Wasserstoff verwirklicht ansehen.» Prouts Befund ließ vermuten, dass die Atome schwererer Elemente aus Wasserstoffatomen zusammengesetzt seien. Seine Regel von der Ganzzahligkeit der Atommassen trifft für leichte Elemente recht gut zu. Man fand aber später, dass sie für viele schwere Elemente nicht gilt.

Daltons Gesetze wurden allgemein akzeptiert, nicht aber seine Atomhypothese. Viele nahmen die Gesetze nur als Regeln über die Bildung von Verbindungen aus makroskopischen Substanzmengen, nicht als Hinweis auf die Existenz von Atomen. Doch auch Daltons Anhänger hatten Schwierigkeiten: Verwirrung entstand durch Unkenntnis der *Wertigkeit* oder *Valenz* verschiedener Atome (2 H-Atome können sich mit 1 O-Atom zu einem H_2O-Molekül verbinden; es gibt aber auch das Molekül H_2O_2, die Verbindung von 2 H-Atomen und 2 O-Atomen) sowie durch die zunächst unbekannte, dann nur langsam akzeptierte Tatsache, dass die verbreiteten Gase Wasserstoff, Stickstoff und Sauerstoff aus zweiatomigen Molekülen (H_2, N_2 und O_2) bestehen. Die Werte der Atommassen und die Formeln von Verbindungen waren deshalb von Labor zu Labor verschieden. Auf dem ersten internationalen wissenschaftlichen Kongress, der 1860 in Karlsruhe von 140 Chemikern besucht wurde, erklärte Cannizzaro, die Schwierigkeiten mit den Atommassen verschwänden, würde nur einem Gesetz über Gase Beachtung geschenkt, das sein italienischer Landsmann Avogadro schon ein halbes Jahrhundert früher postuliert hatte.

1.2 Physik der Gase

Bereits 1662 publizierte Boyle sein Gesetz über Gase. Es besagt, dass für eine Gasmenge bei fester Temperatur das Produkt aus Gasvolumen V und Gasdruck p konstant bleibt; wird das Volumen des Gases verringert (etwa indem man einen Kolben in den das Gas enthaltenden Zylinder drückt), so steigt der Druck entsprechend. Gay-Lussac untersuchte 1802 die Ausdehnung von

Gasen mit der Temperatur, wobei er den Druck konstant hielt. Er fand die gleiche relative Ausdehnung für alle von ihm untersuchten Gase. Nennt man t die Temperatur in Grad Celsius und definiert man als *absolute Temperatur* die (in Kelvin [K] gemessene) Größe $T = t + 273,15°C$, dann ist nach Gay-Lussac bei festgehaltenem Druck das Volumen proportional zur absoluten Temperatur, $V \propto T$. Zusammen mit dem Boyleschen Gesetz erhält man das heute so genannte Gay-Lussacsche Gesetz $pV \propto T$.

Gay-Lussac und von Humboldt machten 1805 in Paris ein Experiment zur Synthese von Wasser. Sie füllten Wasserstoff- und Sauerstoffgas in ein Gefäß und zündeten die Mischung durch einen elektrischen Funken. Bei einem Ausgangsvolumen $2V$ von Wasserstoff und V von Sauerstoff blieb nur Wasser übrig. Bei der gleichen Temperatur wie die der Ausgangsgase erfüllte es als Dampf das Volumen $2V$.

Avogadro verband dieses einfache Ergebnis mit Daltons Atomhypothese und veröffentlichte 1811 eine kühne Vermutung. Wie er selbst schrieb, war sie «die Annahme, dass [bei gleichem Druck und gleicher Temperatur] die Gesamtzahl der Moleküle in allen Gasen bei gleichem Volumen dieselbe ist». Nennen wir N die Zahl der Moleküle in V, so hieß das für das Experiment von Gay-Lussac und von Humboldt, dass $2N$ Wasserstoffmoleküle zusammen mit N Sauerstoffmolekülen genau $2N$ Wassermoleküle ergeben. Avogadro schloss, dass die Moleküle von Wasserstoff und Sauerstoff jeweils 2 Atome haben; die Reaktion hat die Form $2\,H_2 + O_2 \rightarrow 2\,H_2O$.

Nach Avogadro ist das Volumen proportional zur Zahl der darin enthaltenen Moleküle. Damit ist auch $pV \propto NT$ eine Form des Gesetzes von Gay-Lussac. Wir schreiben sie heute als Gleichung in der Form $pV = Nk_BT$. Die hier benutzte Proportionalitätskonstante k_B wurde erst viel später von Planck eingeführt; er nannte sie die *Boltzmann-Konstante*. Die Gleichung $pV = Nk_BT$ ist die *Zustandsgleichung* des *idealen Gases*. Sie beschreibt ein *reales Gas* gut im Bereich niedrigen Druckes und hoher Temperatur, in dem die Größe der Moleküle viel kleiner ist als der mittlere Abstand zwischen ihnen.

Eine andere gebräuchliche Form der idealen Gasgleichung lautet $pV = nRT$. Hier tritt die Zahl der Moleküle nicht auf. R ist die aus dem Experiment entnommene *Gaskonstante*, und n ist die Anzahl der Mole im Volumen. Der Begriff der *Stoffmenge* 1 Mol wurde von Ostwald eingeführt, der erst Anfang des 20. Jahrhunderts als einer der Letzten die Realität der Atome anerkannte. Die auf Dalton zurückgehenden Atom- und Molekülmassen sind, wie erwähnt, reine Zahlen. Multipliziert man eine solche molekulare Massenzahl mit der Masseneinheit 1 Gramm, so erhält man die Stoffmenge 1 Mol. So sind 2 Gramm Wasserstoffgas H_2 ein Mol. Für Anhänger Avogadros enthält 1 Mol eine feste Anzahl an Molekülen, die heute Avogadrosche Zahl oder *Avogadro-Konstante* N_A heißt. Für Antiatomisten war das Mol nur eine bequeme Art, von einer bestimmten Stoffmenge zu sprechen. Atomisten konnten die Zahl der Moleküle als $N = nN_A$ schreiben und die Gaskonstante als $R = k_B N_A$.

Die schon 1738 von Daniel Bernoulli begründete *kinetische Gastheorie* wurde im 19. Jahrhundert von Clausius und Maxwell sowie insbesondere von Boltzmann vorangetrieben und zur Theorie der *statistischen Physik* weiterentwickelt. Wir skizzieren Begriffe dieser Theorie am Beispiel der Impulsverteilung im idealen Gas. Zu einer festen Zeit hat jedes Molekül bestimmte Werte der 3 Orts- und 3 Impulskoordinaten. Im *Phasenraum*, den man sich aus diesen 6 Koordinaten aufgespannt denkt, ist es durch einen einzigen Punkt gekennzeichnet, der Zustand des Gases aus N Molekülen also durch N Punkte. Eine solche Beschreibung des Gases heißt *Mikrozustand*. Eine Grundannahme der Theorie ist, dass, bei festem N und fester Gesamtenergie, alle Mikrozustände gleich wahrscheinlich sind. Beobachtbar ist aber nur der *Makrozustand* des Gases. Er wird definiert, indem man den Phasenraum in Zellen aufteilt und sich nur für die Anzahl der Moleküle in jeder Zelle interessiert. Die zweite Grundannahme ist nun, dass sich *im Gleichgewicht* gerade der Makrozustand einstellt, der am wahrscheinlichsten ist, d. h. derjenige, der sich durch die größte Anzahl von Mikrozuständen realisieren lässt. Auf diese Weise lassen sich tatsächlich die Eigenschaften des idealen Gases berechnen, und zwar ohne Annahme über die Wechselwirkung der Moleküle. Zu diesen Eigenschaften gehört, dass Moleküle häufiger kleine Energie haben als große. Ist E eine Energieform, z. B. die potentielle Energie im Schwerefeld der Erde, so ist die Häufigkeit der Moleküle in einem kleinen Energiebereich um den Wert E proportional zum *Boltzmann-Faktor* $e^{-E/k_B T}$. Eine Konsequenz ist beispielsweise, dass Luft in der Höhe dünner ist als am Erdboden.

Loschmidt veröffentlichte 1866 in Wien eine Arbeit mit dem Titel «Zur Größe der Luftmolecüle». Sie fußte auf der gewachsenen Kenntnis über reale Gase. Er fand «in runder Zahl 1 Millionstel des Millimeters für den Durchmesser eines Luftmolecüles». Das Ergebnis war als ein Mittelwert über die Moleküle von Stickstoff und Sauerstoff zu verstehen, aus denen die Luft besteht. Mit weiteren Überlegungen ließ sich dann die Anzahl der Moleküle pro Volumeneinheit (bei Standardwerten von Druck und Temperatur) bestimmen; Boltzmann nannte sie die *Loschmidtsche Zahl*. Daraus kann direkt die Avogadro-Konstante berechnet werden, die erst später gebräuchlich wurde. Ihr moderner Wert ist $N_A = 6,022 \times 10^{23}$ Moleküle pro Mol.

1.3 Brownsche Bewegung

Kennzeichen der kinetischen Gastheorie ist der enge Zusammenhang zwischen absoluter Temperatur und der mittleren kinetischen Energie eines Gasmoleküls. Betrachten wir nur die Translation (Geradeausbewegung), nicht auch die mögliche Rotation (Drehung) oder Vibration (Schwingung) eines Moleküls, so ist seine mittlere kinetische Energie $\frac{3}{3} k_B T$. Van 't Hoff vermutete 1886, dass diese einfache Beziehung auch in Flüssigkeiten und in Lösungen gilt. Dann haben in einer Zuckerlösung Wasser- und Zuckermoleküle die gleiche mittlere Energie. Die Aussage bleibt sogar dann gültig, wenn man die Zuckermoleküle durch viel größere, unter dem Mikroskop sichtbare Objekte ersetzt.

Schon 1827 hatte der Botaniker Brown berichtet, dass Pollen, aber auch kleine Staub- und Rußteilchen in Wasser sich andauernd unregelmäßig bewegen. Die kinetische Energie eines Körpers der Masse *m* und der Geschwindigkeit *v* ist $\frac{1}{2}mv^2$. Wenn van 't Hoff recht hatte, dann war es einfach, die mittlere Geschwindigkeit dieser Teilchen aus ihrer Masse und der Wassertemperatur zu bestimmen – so schien es wenigstens. Doch die beobachteten Geschwindigkeiten waren viel zu klein. Bald wurde klar, dass die Geschwindigkeit eines Brownschen Teilchens zwischen zwei Stößen mit Wassermolekülen nicht beobachtbar ist. Zusammenstöße der winzigen Wassermoleküle mit den im Vergleich riesigen Staubkörnchen sind einfach zu häufig. Die Theorie des Problems wurde 1905 von Einstein angegeben. Für ein kugelförmiges Brownsches Teilchen berechnete er den mittleren geometrischen Abstand zwischen dem Ausgangspunkt und dem Ort, den es nach Ablauf einer bestimmten Zeit erreicht, und zwar unabhängig von der Form seines Weges. Das Experiment wurde von Perrin in Paris ausgeführt. Entscheidend für das Gelingen war seine Methode, winzige Kügelchen mit genau bekannten Werten von Masse und Durchmesser herzustellen. Die Überschrift dieses Kapitels nimmt den Titel seiner Arbeit von 1909 auf, «Brownsche Bewegung und die Realität der Moleküle». Diese wurde zwar nicht durch die Beobachtung der Moleküle selbst demonstriert, aber doch durch die Beobachtung größerer Objekte, die von ihnen herumgestoßen wurden, und durch das quantitative Verständnis dieses Vorgangs.

1.4 Optische Spektren

Es war schon länger bekannt, dass bestimmte Substanzen, in eine Flamme gebracht, diese auf besondere Art färben. Aber erst 1860 schrieben Kirchhoff und Bunsen in Heidelberg eine umfassende Arbeit darüber. Sie wurde durch die Erfindung des *Bunsenbrenners* erleichtert, dessen Flamme selbst nicht leuchtet. Die optischen Spektren enthielten *Linien*, d. h. Licht bestimmter diskreter Wellenlängen, die ganz charakteristisch für die Elemente in der in die Flamme gebrachten Probe waren. Kirchhoff und Bunsen begründeten so die *Spektralanalyse*, in der die Anwesenheit eines Elements nicht mit chemischen Methoden nachgewiesen wird, sondern durch das Lichtspektrum, das es aussendet.

Bald entdeckten sie selbst zwei neue Elemente, nachdem sie bis dahin unbekannte Spektrallinien beobachtet hatten, und nannten sie *Cäsium* und *Rubidium*. Die Namen wählten sie nach den lateinischen Wörtern «caesius» und «rubidus» für himmelblau bzw. dunkelrot, den Farben der stärksten Spektrallinien dieser beiden Elemente. Für Atomisten war klar, dass ein Atom Licht aussenden kann, das kennzeichnend für sein Element ist.

1.5 Das Periodensystem der Elemente

Unter den Teilnehmern des Karlsruher Kongresses von 1860 waren Mendelejew und Lothar Meyer, die nacheinander unter Bunsen in Heidelberg gearbeitet hatten und die später unabhängig voneinander das *Periodensystem der Elemente* aufstellten. Beide wollten die empirische Information über die Elemente für ihre Lehrbücher ordnen. Meyer erstellte 1864 in Breslau eine nach aufsteigender Atommasse geordnete Liste von 28 Elementen und fand darin 6 Familien von Elementen mit sich ähnelnden Eigenschaften. Das System, das Mendelejew 1869 in St. Petersburg aufstellte, enthielt alle seinerzeit bekannten Elemente und ausdrücklich Lücken dort, wo die Entdeckung bis dahin unbekannter zu erwarten war. In Meyers erweiterter Arbeit aus dem Jahr 1870 findet sich eine Graphik, in der die Größe der Atome gegen ihre Masse aufgetragen wurde. Sie zeigt eine auffällige Periodizität mit scharfen Maxima für die Alkaliatome Lithium, Natrium, Kalium, Rubidium und Cäsium. Mit einem der Alkali-Elemente (einschließlich des Wasserstoffs) beginnt jeweils eine neue Periode im System der Elemente, deren Länge mit wachsender Atommasse zunimmt.

1.6 Elektrolyse. Das «Atom der Elektrizität»

Taucht man zwei Metallplatten, die *Elektroden*, in eine Lösung, etwa von Silbernitrat ($AgNO_3$), und verbindet sie mit den Polen einer Batterie, so fließt ein elektrischer Strom durch die Flüssigkeit. Chemische Elemente oder Verbindungen, die für die Lösung charakteristisch sind, treten an den Elektroden auf. In unserem Beispiel wird Silber (Ag) an der negativen Elektrode, der *Kathode*, abgelagert. (Der Vorgang an der positiven Elektrode, der *Anode*, ist komplizierter.) Die Gesetze der Elektrolyse, von Faraday schon 1833 in London dem Experiment entnommen, besagen, dass die abgelagerte Masse eines Elements proportional zu dessen Atommasse und zur gesamten, durch die Flüssigkeit transportierten elektrischen Ladung ist, d. h. zum Produkt aus Stärke und Zeit des Stromflusses. Sie ist umgekehrt proportional zur chemischen Wertigkeit, mit dem das Element in der Lösung auftritt. Das bedeutet in moderner Sprechweise: Um 1 Mol eines einwertigen Elements (in unserem Fall Silber) abzuscheiden, wird die Ladung 96 485 Coulomb (C) benötigt; man definiert die *Faraday-Konstante* $F = 96\,485$ C/mol. Der Fluss von elektrischem Strom in der Lösung war offenbar mit dem Transport von Masse verbunden, der genaue Transportmechanismus blieb aber noch jahrzehntelang umstritten.

Mit der Zeit setzte sich folgende einfache Erklärung durch. In der Lösung dissoziieren die ursprünglich neutralen Moleküle des gelösten Stoffes in entgegengesetzt geladene *Ionen* (unser $AgNO_3$ in Ag^+ und NO_3^-). Ionen eines einwertigen Elements tragen die Ladung $\pm e$. Da F die Ladung pro Mol ist, ist der Wert von e gleich der Faraday-Konstanten, dividiert durch die Avogadro-Konstante, $e = F/N_A = 1{,}602 \times 10^{-19}$ C. In seiner Faraday-Vorlesung betonte Helmholtz 1881 in Cambridge, dass es nicht nur kleinste Massenmengen, die Atome, sondern auch kleinste Elektrizitätsmengen gebe: Er gab e den Namen «Atom der Elektrizität». Stoney nannte es 1894 *Elektron*. Wir nennen e jetzt die *Elementarladung*, weil als Elektron schon bald das erste subatomare Teilchen bezeichnet wurde.

1.7 Kathoden- und Röntgenstrahlen. Das Elektron

Gase, normalerweise nichtleitend, können unter bestimmten Bedingungen elektrischen Strom leiten. Blitzschlag in Luft ist ein Beispiel. Wir interessieren uns hier für Entladungen in «verdünnten Gasen», also Gasen bei Drücken, die viel geringer als der Atmosphärendruck sind. Sie wurden schon in den 1830er

Jahren von Faraday wissenschaftlich erschlossen und später insbesondere von Plücker und seinem Schüler Hittorf in Bonn untersucht. Ein Glasgefäß enthielt ein ausgewähltes Gas bei bestimmtem Druck und zwei Elektroden: Kathode und Anode. Zunächst betrachtete man die Entladungen nur mit dem Auge: An der Kathode und an anderen Stellen im Gefäß erschienen *Glimmlichter*. Plücker berichtete auch über ein fluoreszierendes Leuchten der Glaswand. Hittorf beobachtete Strahlen, leicht leuchtende Bahnen, die von der Kathode weg zeigten und die Goldstein 1876 *Kathodenstrahlen* nannte. Hittorf zeigte, dass Kathodenstrahlen, wenn sie auf die Glaswand trafen, dort Plückers Leuchten verursachten. Mit einem Magneten nahe am Gefäß konnte er Strahlen und Leuchtpunkt bewegen und schloss, dass Kathodenstrahlen elektrische Ströme sind. Perrin demonstrierte dann 1895, dass Kathodenstrahlen tatsächlich elektrische Ladung (negativen Vorzeichens) tragen.

Im gleichen Jahr entdeckte Röntgen in Würzburg eine neue, durchdringende Strahlung, die von dem fluoreszierenden Punkt ausging, an dem Kathodenstrahlen auf die Gefäßwand trafen. Er beobachtete sie erstmals, als ein zufällig neben seiner Apparatur liegender Leuchtschirm aufleuchtete, ein mit Bariumplatincyanür bestrichenes Papier, das er sonst zum Nachweis von ultraviolettem Licht benutzte. Da die Natur dieser Strahlen unbekannt war, gab Röntgen ihnen den Namen *X-Strahlen*; in deutschsprachigen Ländern wurden sie bald *Röntgenstrahlen* genannt. Er fand auch, dass seine Strahlen photographische Platten schwärzen und der Luft eine leichte elektrische Leitfähigkeit verleihen. Die ersten Röntgenbilder, die er Kollegen schickte, riefen großes Aufsehen hervor. Erst 1912 konnten Laue, Friedrich und Knipping in München zeigen, dass X-Strahlen elektromagnetische Wellen sind wie das Licht, allerdings mit sehr viel kürzerer Wellenlänge. Sie erzeugten Beugungsbilder mit einem Kristall anstelle eines auf Glas geritzten Gitters und wiesen damit zugleich nach, dass ein Kristall aus einzelnen, regelmäßig im Raum angeordneten Atomen besteht.

Schließlich wurde 1897 die Natur der Kathodenstrahlen aufgeklärt, und zwar in gleich drei unabhängigen Experimenten:

von Wiechert in Königsberg im Januar, von Kaufmann in Berlin im Mai und von Thomson in Cambridge im August. Alle nahmen an, dass Kathodenstrahlen aus Teilchen der Masse m und der Ladung q bestünden. Mit Anordnungen elektrischer und magnetischer Felder, die von Experiment zu Experiment ein wenig variierten, bestimmten sie das Verhältnis q/m. Wenn man, wie Wiechert schrieb, als «Ladung 1 Elektron», d. h. $q = -e$ annahm, erhielt man als Masse nur einen kleinen Bruchteil der Masse des Wasserstoffatoms, nämlich 1/400. Kaufmann und Thomson maßen einen noch kleineren Bruchteil, 1/1000; der moderne Wert ist 1/1836. Es gab keinen zwingenden Grund für die Annahme über die Ladung außer dem, dass e das Helmholtzsche Atom der Elektrizität war. Thomson bestimmte 1899 die Elementarladung mit einer neuen Methode, unabhängig von Elektrolyse und Gasentladung, und fand ebenfalls (innerhalb seiner Messfehler) e. Er nannte das neue leichte Teilchen *Korpuskel*; aber bald wurde es allgemein das *Elektron* genannt.

1.8 Kanalstrahlen als ionisierte Atome. Isotope

Goldstein fand 1886 in Berlin eine weitere Strahlenart. Er benutzte ein Entladungsrohr mit einer Kathode, die in der Mitte des Rohres dessen Querschnitt voll ausfüllte und eine Reihe von dünnen Bohrungen oder «Kanälen» trug. Die Anode befand sich an einem Ende des Rohres; das andere Ende war leer bis auf die Gasfüllung. Goldstein beobachtete strahlenartige Leuchterscheinungen, die sich aus den Kanälen in dieses Rohrende erstreckten, und nannte sie *Kanalstrahlen*. Ihre Natur blieb unbekannt, bis Wien, ebenfalls in Berlin, sie 1898 mit einem starken Magneten ablenken und zeigen konnte, dass sie positive Ladung trugen. Wir wissen heute, dass mehrere Vorgänge zu einer Gasentladung beitragen: Der Strom wird sowohl von Elektronen getragen, die sich in Richtung von der Kathode zur Anode bewegen, als auch von *Ionen*, positiv geladenen Atomen, mit der entgegengesetzten Bewegungsrichtung. Da beide ihre Ladung an den Elektroden verlieren, müssen dauernd Ladungsträger nachgeliefert werden. Elektronen werden aus der von Ionen getrof-

fenen Kathode herausgeschlagen. Trifft ein schnelles Elektron
auf ein Gasatom, so wird das Atom *ionisiert*: Ein oder mehrere
Elektronen werden abgespalten, der Rest ist ein positiv geladenes Ion.

Kanalstrahlen sind solche Ionen. Ihre magnetische Ablenkung
erforderte hohe Magnetfelder, weil ihre Masse die Elektronenmasse um das Vieltausendfache übersteigt. Thomson nannte sie
positive Strahlen und untersuchte sie genau: Ein wohl kollimier-
ter, feiner Ionenstrahl durchlief ein elektrisches und ein magnetisches Feld (die Richtungen beider waren senkrecht zueinander
und zur Strahlrichtung) und fiel auf eine Photoplatte. Ionen fester Masse «malten» eine Parabel auf die Platte, aus deren Lage
sich die Masse der Ionen bestimmen ließ. Thomson fand 1912
zwei Arten von Atomen des Elements Neon; vier Fünftel hatten
die Atommasse 20, ein Fünftel 22. Es war schon vorher beobachtet worden, dass einige radioaktive Elemente verschiedene
Halbwertszeiten haben, sich aber nicht chemisch trennen lassen.
Sie besetzen den gleichen Platz im Periodensystem der Elemente und wurden deshalb von Soddy *Isotope* (am gleichen Ort)
genannt (vgl. Abschnitt 2.5). Thomson zeigte nun, dass Neon
zwei (tatsächlich noch mehr) Isotope hat, jedes mit ganzzahliger
Atommasse. Erst die Mischung der Isotope bewirkt eine Nicht-
ganzzahligkeit. Aston, ein Schüler Thomsons, baute dessen Verfahren zu einer Präzisionsmethode, der *Massenspektroskopie*,
aus. Von 1919 an fand er Isotope für fast alle Elemente. Statt
der Masse des Wasserstoffatoms benutzte er als Masseneinheit
1/16 der Masse des Sauerstoffatoms. Damit konnte er sehr einfach seine *Ganzzahl-Regel* aussprechen: Die Massenzahlen aller
Isotope sind mit einer Genauigkeit von 0,1% ganzzahlig. Einzige Ausnahme ist Wasserstoff mit der Massenzahl 1,008.

2 Radioaktivität und Atomkern

2.1 Eine neue Strahlung

Am 2. März 1896 berichtete Becquerel der Akademie der Wissenschaften in Paris eine Entdeckung, «die mir sehr wichtig und jenseits dessen zu liegen scheint, was zu beobachten man erwarten könnte». Er hatte eine Photoplatte lichtdicht in schwarzes Papier eingewickelt, darauf einen dünnen uranhaltigen Kristall befestigt und einige Stunden in völliger Dunkelheit liegen lassen. Als er die Platte entwickelte, sah er deutlich die Umrisse des Kristalls. Becquerels Untersuchung war von Poincaré, dem Präsidenten der Akademie, ausgelöst worden, der zu den Empfängern von Röntgens ersten Aufnahmen gehört hatte. Er vermutete, die Röntgenstrahlung würde durch Fluoreszenz verursacht, weil sie von der Stelle ausging, wo Kathodenstrahlen die Glaswand des Entladungsgefäßes aufleuchten ließen. Becquerel hatte deshalb zunächst die verpackte Platte samt Kristall der Sonne ausgesetzt, um den Kristall zu Fluoreszenz anzuregen, jedoch bald festgestellt, dass dieser die Platte ganz ohne äußere Anregung schwärzte. In den folgenden Monaten untersuchte er die neue Strahlung intensiv und fand, dass sie, ähnlich wie die Röntgenstrahlung, auch die Luft elektrisch ein wenig leitend machte. Da die Strahlung offenbar von allen uranhaltigen Substanzen ausging, nannte er sie *Uranstrahlung*; der Name *Radioaktivität* wurde erst von Marie Curie geprägt.

2.2 Neue Elemente

Maria Skłodowska stammte aus Warschau, kam zum Studium nach Paris und erwarb Abschlüsse sowohl in Physik als auch in Mathematik. Sie heiratete 1895 Pierre Curie, der schon durch Entdeckungen auf den Gebieten Magnetismus und Piezoelektri-

zität hervorgetreten war. Im Jahr zuvor hatte sie ihn in seinem
Labor an der Pariser Schule für Industriephysik kennengelernt,
wo sie mit der systematischen Suche nach Radioaktivität in den
verschiedensten Stoffen begann. Dazu baute sie einen kleinen
Kondensator aus zwei horizontalen Metallplatten und bedeckte
die untere der beiden mit einer dünnen Schicht ihrer pulverisier-
ten Proben. Den nach Anlegen einer Spannung zwischen den
Platten fließenden Strom nahm sie als Maß für die Radioaktivität.

Bereits in ihrer ersten
Arbeit vom April 1898
schrieb sie, dass nicht nur
Uran, sondern auch Tho-
rium radioaktiv sei. Sie
stellte auch fest, dass alle
Uranverbindungen radio-
aktiv sind, und zwar um-
so mehr, je mehr Uran sie
enthalten. Sie nannte die
Radioaktivität deshalb zu

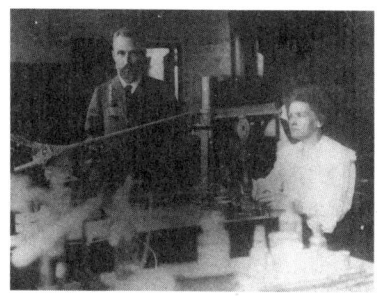

Pierre und Marie Curie

Recht eine *atomare* Erscheinung: je mehr Atome, desto mehr
Aktivität. Zwei Verbindungen, Pechblende und Chalkolith, hielten sich allerdings nicht an die Regel, sie waren stärker radioaktiv, als es ihrem Urangehalt entsprach. Marie Curie erklärte
das durch die Anwesenheit eines weiteren, besonders aktiven
Elements. Marie und Pierre Curie benutzten nun ein bekann-
tes Verfahren der chemischen Analyse, den Trennungsgang, um
aus Pechblende Teilproben zu gewinnen, die jeweils nur wenige Elemente enthalten konnten. Eine davon zeigte die 400-fache
Aktivität von Uran. Schon im August 1898 erklärten sie das
als Beweis für die Existenz eines bisher unbekannten Elements
und nannten es nach Maries Heimat *Polonium*. In einer anderen
Teilprobe konnten sie die 900-fache Aktivität von Uran konzen-
trieren. Das darin vermutete weitere Element nannten sie *Radium*, das «Strahlende». Die neuen, noch nicht isolierten Elemente
zeigten ähnliche Wirkungen wie Röntgenstrahlen. Im Dunkeln
und in der Nähe von Bariumplatincyanür brachten sie dieses

zum Aufleuchten. In jahrelanger beschwerlicher Arbeit gelang es den Curies, beinahe ein Gramm nahezu reinen Radiumsalzes aus mehr als einer Tonne Rohstoff zu gewinnen. In ihrer Dissertation aus dem Jahr 1903 stellte Marie Curie fest, dass Radium chemisch dem Barium ähnelt, dessen Atommasse aber um 65% übersteigt. Pierre Curie wurde im Jahr darauf Professor an der Pariser Universität. Nach seinem unglücklichen Tod im Jahr 1906 durch einen Verkehrsunfall wurde Marie Curie seine Position übertragen.

2.3 Alpha-, Beta- und Gamma-Strahlen

Rutherford

Rutherford stammte aus Neuseeland, hatte in Christchurch studiert und war dann mit einem Forschungsstipendium zu Thomson nach Cambridge gegangen. Seine erste Arbeit zur Radioaktivität entstand 1898 in Cambridge, erschien aber erst im Jahr darauf, als er schon Professor an der McGill University in Montreal war. Seine Apparatur ähnelte der von Marie Curie. Auf der unteren der zwei Platten lag eine Schicht Uranoxid Pulver. Rutherford legte nacheinander dünne Aluminiumfolien auf das Uranoxid und beobachtete zunächst ein rasches Abnehmen des Stromes zwischen den Platten. Nach Überschreiten einer Gesamtdicke von zwei hundertstel Millimeter Aluminium sank dieser jedoch nur noch wenig. Daraus schloss Rutherford, «dass wenigstens zwei verschiedene Strahlungsarten vorliegen – eine, die leicht absorbiert wird und die der Einfachheit halber α-Strahlung genannt werden soll, und eine andere von stärker durchdringendem Charakter, die β-Strahlung heißen soll». Zwei Jahre später fand Villard in Paris eine dritte und noch durchdringendere Art von Strahlung, die von Rutherford den Namen γ-Strahlung erhielt. In den nächsten 15 Jahren wurde die Natur der drei Strahlenarten aufgeklärt. Die α-Strahlen bestehen aus Ionen des Helium-Atoms, die zwei positive Elementarladungen tragen; die β-Strahlen sind (wie die Kathodenstrahlen) Elektronen, und die γ-Strahlen sind elektromagnetische Strahlung kurzer Wellenlänge wie die Röntgenstrahlen.

Wie Rutherford betonte, sind die Geschwindigkeit und damit die Energie von α-Teilchen wesentlich höher als die von Kanalstrahlen, also künstlich im Labor beschleunigter Ionen. Eine nützliche Einheit der Teilchenenergie ist das *Elektronenvolt* (eV), die Energie eines Teilchens mit der Elementarladung e, das über die Potentialdifferenz 1 Volt beschleunigt wird. Die α-, β- und γ-Strahlen aus radioaktiven Quellen haben Energien von etlichen Millionen Elektronenvolt (MeV). Erst nach der Erfindung von Teilchenbeschleunigern in den 1930er Jahren konnten solche Energien auf anderem Wege erreicht werden. Moderne Beschleuniger liefern Teilchen mit Energien von vielen GeV (10^9 eV) oder gar TeV (10^{12} eV).

2.4 Halbwertszeit

Bei seinen ersten Experimenten in Montreal entdeckte Rutherford im Jahr 1899 ein neues Element und mit ihm die Tatsache, dass Radioaktivität nicht ewig andauert. Gemeinsam mit einem Kollegen aus der Elektrotechnik an der McGill University untersuchte er die Aktivität von Thoriumoxid. Die Apparatur war ganz ähnlich wie die vorher für Uranoxid benutzte. Die beiden fanden, dass der angezeigte Strom nicht konstant war; vielmehr war die Anzeige abhängig «von den leichtesten Luftströmungen». Rutherford setzte die Untersuchung allein fort. Er bedeckte das Thoriumoxid mit ein paar Blättern Papier, die die α-Teilchen absorbierten, und fand, dass neutrale radioaktive Objekte durch das Papier gelangten und sich leicht wegblasen ließen. Er baute eine einfache Glasapparatur mit zwei durch ein Rohr verbundenen Kammern; die erste enthielt die Thoriumoxid-Quelle, die zweite diente zur Messung der Aktivität. Wenn Luft über die Quelle in diese Kammer geblasen wurde, konnte er dort einen Strom messen, der allerdings rasch abfiel. Er schrieb: «Das Ergebnis zeigt, dass die Intensität der Strahlung nach einem Zeitintervall von ungefähr *einer Minute* auf den halben Wert gefallen war .... Nach einem Intervall von zehn Minuten war sie zu klein für eine Messung.» Rutherford nannte seinen neuen Stoff *Emanation*. Sie ist eines von mehreren Isotopen eines bis dahin unbekannten Edelgases, das jetzt *Radon* heißt.

Nach diesen Beobachtungen stellte Rutherford das *exponentielle Zerfallsgesetz* der Radioaktivität auf. Betrachtet man eine gegebene Zerfallsart einer bestimmten Atomsorte, so besteht für jedes Atom die gleiche wohldefinierte Wahrscheinlichkeit dafür, innerhalb einer vorgegebenen Zeit zu zerfallen. Für ein besonderes Zeitintervall, die *Halbwertszeit*, ist diese Wahrscheinlichkeit $\frac{1}{2}$, d. h. 50%. Die Halbwertszeit der vorher beobachteten Zerfälle war übrigens einfach zu lang (um die tausend Jahre), um aufzufallen. Radioaktivität zeigt ein sonderbares Wahrscheinlichkeitsverhalten, das erst durch die Quantenmechanik erklärt wird: Die Wahrscheinlichkeit für den Zerfall in der nächsten Sekunde hängt nicht davon ab, wie viele Halbwertszeiten ein Atom schon überlebt hat; obwohl es zerfallen kann, «altert» es nicht solange es existiert.

2.5 Verwandlung der Elemente

Rutherford bemerkte, dass Thorium seine Aktivität verlor, wenn man die Emanation wegblies. Darauf nahm die Aktivität des Thoriums aber wieder zu; offenbar wurde Emanation nachgebildet. An den Wänden von Gefäßen, die Emanation enthalten hatten, fand er lange nach deren Zerfall noch Radioaktivität. Die sie tragende Substanz nannte er *aktiven Niederschlag*. Es schien also eine Kette radioaktiver Stoffe zu geben, die jeweils auseinander hervorgingen. Mit Soddy, einem jungen Chemiker, der 1900 nach Montreal gekommen war, trennte Rutherford nach dem Vorbild Marie Curies diese Stoffe auf chemischem Wege voneinander und identifizierte sie anhand ihrer Radioaktivität, insbesondere ihrer Halbwertszeit. Dabei stellte sich heraus, dass Thorium nicht direkt die Emanation produzierte, sondern eine Zwischensubstanz, die den Namen Thorium X erhielt. Es gab also eine Stoffkette Thorium → Thorium X → Emanation → aktiver Niederschlag. Weil die vier Stoffe chemisch ganz verschieden waren, hielten Rutherford und Soddy alle für Elemente und stellten fest, sie könnten sich ineinander verwandeln. Die Verwandlung oder *Transmutation* von Elementen war eine der Vorstellungen der Alchimisten gewesen, widersprach aber völlig den Gesetzen der modernen Chemie. Deshalb schrieben Rutherford und Soddy 1902 in ihrer ersten Arbeit: «Noch kann nichts über den Mechanismus dieser Verwandlungen gesagt werden. Aber welche Ansicht dazu sich schließlich auch durchsetzt, so scheint doch die Hoffnung nicht unvernünftig, dass die Radioaktivität uns die Mittel liefern wird, Information über die Abläufe im chemischen Atom zu gewinnen.»

Das waren prophetische Worte. Schon ein Jahrzehnt später war der Atomkern entdeckt. Man benötigte aber fast das ganze 20. Jahrhundert, um die neuen Kräfte der starken und der schwachen Wechselwirkung zu entschlüsseln, die sich hinter dem α- bzw. dem β-Zerfall verbergen. Soddy und Fajans gaben 1913 empirische Regeln zu diesen Zerfällen an, die wir hier in modernisierter Form skizzieren. Alle Atome eines Elements haben die gleiche Kernladungszahl Z, die gleich der Anzahl der Protonen im Kern ist. Ein Element kann mehrere Isotope besitzen, die sich in der atomaren Massenzahl A unterscheiden, der Zahl der Protonen und Neutronen. Ein bestimmtes Isotop wird durch sein chemisches Symbol bezeichnet, z. B. Rn für Radon, dem oben links der Zahlwert von A angefügt ist. Oft sieht man zusätzlich unten links den Wert von Z, obwohl der schon durch das chemische Symbol impliziert ist. Die Emission eines α-Teilchens, d. h. eines Heliumkerns ^{4}He, verringert A um 4 und Z um 2. Wird ein β-Teilchen, d. h. ein Elektron mit einer negativen Elementarladung und der atomaren Massenzahl $A = 0$, emittiert, so bleibt A unverändert, und Z wird um 1 erhöht.

2.6 Der Atomkern

Fast unser gesamtes Wissen über die Substruktur der Atome stammt aus Streuexperimenten: Man schießt Teilchen auf Materie und beobachtet, was passiert. Lenard in Kiel benutzte 1903 Kathodenstrahlen als Projektile. Schon vorher hatte er bemerkt, dass sie Metallfolien mit einer Dicke von mehreren tausend Atomdurchmessern durchdringen können. Die Atome konnten also nicht kompakt sein.

Während Lenard die *Absorption*, d. h. die Entfernung von Teilchen aus einem Strahl einfallender Elektronen, untersuchte, begann Rutherford sich 1906 für echte *Streuung* zu interessieren, die Ablenkung eines Projektilteilchens von seiner ursprünglichen Bahn durch das in seinen Weg gestellte Material. Letzteres wird mit dem Wort *Target* (englisch für Ziel) bezeichnet. Er beobachtete erstmals die Streuung von α-Teilchen, indem er einen kollimierten Strahl solcher Teilchen auf eine Photoplatte fallen ließ, wo er ein scharf begrenztes Bild hinterließ; es wurde leicht verschwommen, wenn er eine Glimmerfolie in den Strahl brachte. In Manchester regte Rutherford 1907 die genauere Untersuchung der α-Streuung durch Geiger und Marsden, einen jungen Forschungsstudenten, an. Zum Nachweis der gestreuten Teilchen benutzten sie einen Zinksulfid-Schirm, der dort ein wenig aufblitzt, wo er von einem α-Teilchen getroffen wird. Dieser Ort kann unter dem Mikroskop genau bestimmt werden. Geiger berichtete 1910, fast alle α-Teilchen würden nur um kleine Winkel gestreut, jedoch «einige scheinen reflektiert zu werden, d. h., sie werden so sehr gestreut, dass sie auf der Eintrittsseite [der als Target dienenden Goldfolie] wieder erscheinen». Rutherford beschrieb später diese Beobachtung als das unglaublichste Ereignis seines Lebens, «als ob man eine 15-Zoll-Granate auf ein Stück Seidenpapier schösse und sie zurückkäme und einen träfe».

Nun entwarf Rutherford ein Atommodell, in dem praktisch die ganze Masse in einer winzigen «zentralen Ladung» konzentriert war. Erst später nannte er sie den *Kern*. Ein α-Teilchen, das am Kern vorbeiflog, bewegte sich auf einer Hyperbelbahn wie ein aus dem fernen Weltall kommender Komet, der an der Sonne vorbeifliegt. Rutherford veröffentlichte 1911 eine vollständige Theorie, die die Verteilung der Streuwinkel des α-Teilchens in Abhängigkeit von dessen Energie und von Ladung und Masse des Atomkerns enthielt. Geiger und Marsden bestätigten sie 1913 mit guter Genauigkeit. Aus Messungen mit verschiedenem Targetmaterial, von Aluminium bis Gold, fanden sie, dass die

Kernladungszahl Z etwa halb so groß war wie die atomare Massenzahl A. Rutherford zeigte, dass der Radius des Goldkerns höchstens 3×10^{-12} cm sein könne, anderenfalls müssten die Messungen von der Theorie abweichen. Das Experiment konnte nicht zwischen positiver und negativer Kernladung unterscheiden. Aber da man ja wusste, dass Elektronen negative Ladung haben, schloss Rutherford auf «ein Atom mit positiver Zentralladung Ne, umgeben von einer kompensierenden Ladung von N Elektronen».

2.7 Detektoren für Einzelteilchen

Der direkte Nachweis eines einzelnen Teilchens ist für viele Experimente unerlässlich. Ein frühes Beispiel ist der Nachweis einzelner α-Teilchen in dem eben besprochenen Experiment von Geiger und Marsden. Geladene Teilchen verlieren in ihrem Flug durch Materie Energie beim Stoß mit den Atomen; sie ionisieren die Atome oder regen sie zur Lichtaussendung an. Der Energieverlust pro Weglänge ist, in gleicher Materie, umso größer, je höher die Ladung des Teilchens und je kleiner seine Geschwindigkeit ist. Damit ist, bei gleicher Energie und gleicher Weglänge, der Energieverlust eines α-Teilchens viel größer als der eines Elektrons. Trotzdem reichten die von einem einzelnen α-Teilchen in der Luft zwischen Kondensatorplatten erzeugten Elektron-Ion-Paare nicht aus, um einen ohne moderne Verstärkertechnik messbaren Strom zu bewirken.

Rutherford und Geiger entwickelten aber schon 1908 in Manchester einen Detektor mit etwa 2000-facher Stromverstärkung direkt im Gas. In der Mitte eines Rohres ist ein dünner Draht gespannt, der sich gegenüber dem Rohr auf einer Spannung von $+1000$ Volt befindet. Nahe am Draht existiert ein hohes Feld. Es beschleunigt die von einem α-Teilchen erzeugten Elektronen so stark, dass sie ihrerseits Gasatome ionisieren. So entstehen eine Lawine von Ladungsträgern und ein messbarer Stromstoß für jedes einzelne α-Teilchen. Geiger ging 1912 nach Berlin und baute 1913 einen Detektor, der auch einzelne Elektronen nachweisen konnte. Er trug statt des Drahtes eine Nadel, an deren Spitze ein noch höheres Feld herrscht. Sowohl der Rutherford-Geiger-Zähler wie auch dieser Geigersche Spitzenzähler sind *Proportionalzähler*, deren Ausgangssignal proportional zur Stärke der ursprünglichen Ionisation ist. Unter dem Namen *Geiger-Müller-Zähler* wurde ein 1928 entwickeltes Gerät bekannt, das sehr robuste Signale liefert, dem aber diese Proportionalität fehlt. Rutherford und Geiger konnten auch zeigen, dass die schon vorher in Zinksulfid beobachteten Lichtblitze tatsächlich von einzelnen α-Teilchen ausgelöst wurden und sich so zu deren Nachweis eignen. Bei den heutigen *Szintillationszählern* ist die Beobachtung mit dem Auge durch lichtempfindliche Sensoren und elektronische Verstärker ersetzt.

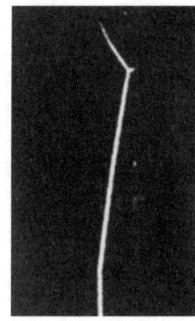

Spur eines α-Teilchens in der Nebelkammer. Es fliegt nach oben und wird zweimal an Kernen gestreut.

Detektoren besonderer Art sind *Spurenkammern*, in denen die Bahnen geladener Teilchen sichtbar werden. Wilson stellte 1911 in Cambridge seine *Nebelkammer* vor, in deren übersättigtem Wasserdampf geladene Teilchen dünne Tröpfchenspuren hinterlassen, ähnlich den Kondensstreifen von Flugzeugen. Ihr Gegenstück ist die 1953 von Glaser in Ann Arbor entwickelte *Blasenkammer*. Hier bestehen die Spuren aus Bläschen in einer überhitzten Flüssigkeit. Auch *Photoemulsion*, die lichtempfindliche Schicht photographischer Platten, kann als Spurenkammer dienen. Nach der Entwicklung werden die Bahnen geladener Teilchen als dunkle Spuren sichtbar und lassen sich unter dem Mikroskop vermessen. Diese Technik gewann ab Ende der 1940er Jahre an Bedeutung, als die gesteigerte Empfindlichkeit der Emulsion auch den Nachweis von Elektronen erlaubte.

Seit einigen Jahrzehnten benutzt man elektronische Spurenkammern. Sehr viele Einzeldetektoren, die auf Lichtausstrahlung oder Ionisation reagieren, werden mit einem Computersystem verknüpft, das alle Signale analysiert und daraus die räumlichen Bahnen von oft vielen an einer Reaktion beteiligten Teilchen rekonstruiert. Mit allen hier aufgeführten Detektoren gelangen wichtige Entdeckungen, wie spätere Kapitel zeigen werden.

3 Atomhülle und frühe Quantentheorie

3.1 Optische Linienspektren

Im Vorwort zu Sommerfelds einflussreichem Lehrbuch *Atombau und Spektrallinien* von 1919 lesen wir: «Seit der Entdeckung der Spektralanalyse konnte kein Kundiger zweifeln, daß das Problem des Atoms gelöst sein würde, wenn man gelernt hätte, die Sprache der Spektren zu verstehen. Das ungeheure Material, welches 60 Jahre spektroskopische Praxis aufgehäuft haben, schien allerdings in seiner Mannigfaltigkeit zunächst unentwirrbar.»

In der Tat sind die Spektren der meisten Elemente kompliziert. Wasserstoff bildet aber eine Ausnahme. Schon 1884 fand Balmer, Gymnasiallehrer und Privatdozent in Basel, eine einfache Formel zur Beschreibung der Wellenlängen λ bzw. der Frequenzen $\nu = c/\lambda$ von vier Linien des Wasserstoffs, die Ångström in Uppsala mit großer Genauigkeit vermessen hatte. Die *Balmer-Formel* lautet in moderner Schreibweise $\nu = cR/n^2 - cR/m^2$; jede Frequenz ist also die Differenz zweier *Terme*. Dabei ist c die Lichtgeschwindigkeit, n und m sind natürliche Zahlen $1, 2, 3, \ldots$, und R ist eine aus den Messdaten bestimmte Konstante. Sie heißt jetzt *Rydberg-Ritz-Konstante*; Rydberg in Lund und Ritz in Göttingen gaben etwas später kompliziertere Formeln für einige andere Elemente an, die neben R noch weitere Konstanten enthielten. Für seine ersten vier Linien fand Balmer $n = 2, m = 3, 4, 5, 6$. Erst dann hörte er, dass weitere fünf Linien, die für $m = 7, 8, 9, 10, 11$, in den Spektren von Sternen beobachtet worden waren. Die jetzt so genannte *Balmer-Serie* besteht aus unendlich vielen Linien für $n = 2$. Balmer sagte auch die (später bestätigte) Existenz weiterer Serien für $n = 1$ und $n = 3, 4, \ldots$ voraus. Es dauerte aber nahezu drei Jahrzehnte, bis Bohr eine Erklärung der erstaunlich genauen Formel gab.

3.2 Schwarzkörperstrahlung

Bei seinen Arbeiten zur Spektralanalyse beobachtete Kirchhoff 1860 einen engen Zusammenhang zwischen Emission und Absorption von Strahlung durch ein und dasselbe Objekt. Er schuf den Begriff eines *schwarzen Körpers*, der später in Form eines Hohlzylinders mit beheizten Wänden und einer kleinen Öffnung realisiert wurde. Die Strahlung in seinem Inneren ist im thermischen Gleichgewicht mit den Wänden, weil sie von diesen ständig absorbiert und wieder ausgestrahlt wird. Nur ein kleiner Teil kann durch die Öffnung austreten und untersucht werden. Mit den Gesetzen der Wärmelehre oder Thermodynamik zeigte Kirchhoff, dass die spektrale Energiedichte, d. h. die Energiedichte in einem kleinen Frequenzintervall um die Frequenz v, nur eine Funktion von v und der (absoluten) Temperatur T ist, und zwar unabhängig vom Material des schwarzen Körpers.

Stefan konnte 1879 in Wien die Energiedichte messen, allerdings nur summiert über alle Frequenzen, und fand sie proportional zu T^4. Darauf leitete Boltzmann 1884 dieses Verhalten auch theoretisch ab. Wien leitete 1893 in Berlin sein *Verschiebungsgesetz* her. Danach ist Kirchhoffs Funktion das Produkt zweier Faktoren: Der eine ist v^3, der andere ist nur eine Funktion des Quotienten v/T. Drei Jahre später gab Wien eine vollständige Formel an, das *Wiensche Strahlungsgesetz*, das die existierenden Messungen gut beschrieb.

Kirchhoff war 1875 an die Berliner Universität gegangen. Planck wurde dort 1889 sein Nachfolger. Seit seinen Studientagen in München war er besonders an Thermodynamik interessiert, blieb aber skeptisch gegenüber den statistischen Methoden von Boltzmann. Er publizierte 1899 eine theoretische Herleitung des Wienschen Strahlungsgesetzes. Kurz darauf zeigten die Experimente zweier Berliner Gruppen Abweichungen davon, besonders bei großen Wellenlängen, und Planck bemerkte, dass es seiner Arbeit an Strenge gefehlt hatte. Eine neue Theorie von Lord Rayleigh, die auf statistischen Betrachtungen aller möglichen Wellenmuster in einem Hohlraum beruhte, gab gute Übereinstimmung mit dem Experiment für große Wellenlängen, war jedoch falsch für kleine. Als Planck im Oktober 1900 von den neuesten Messungen erfuhr, fand er sehr rasch eine Formel für den ganzen Wellenlängenbereich. Was noch fehlte, war deren theoretische Herleitung.

Jetzt griff Planck doch auf Boltzmanns Statistik zurück. Er betrachtete die Wand des schwarzen Körpers als eine Vielzahl von Oszillatoren, d. h. von winzigen Antennen. Jede konnte auf einer bestimmten Frequenz Strahlung aussenden und empfangen. Es gab so viele, dass jede Frequenz mehrfach vertreten war. Planck postulierte, dass ein Oszillator der Frequenz ν nur bestimmte Energien tragen könne, und zwar nur ganzzahlige Vielfache eines *Energie-*

Planck

quantums $E = h\nu$, und dass er auch nur Energie in diesen kleinen Portionen abzustrahlen und zu absorbieren imstande sei. Damit führte er eine neue Naturkonstante h ein; sie hat die Dimension einer *Wirkung*, d. h. eines Produkts aus Energie und Zeit, und hieß bald *Plancksches Wirkungsquantum*. Sie ist dem Experiment zu entnehmen; ihr moderner Wert ist $h = 6,626\,069 \times 10^{-34}\,\mathrm{W\,s^2}$. In seiner Herleitung verteilte Planck so viele Energiequanten auf die Oszillatoren, wie es der Gesamtenergie des schwarzen Körpers entsprach. Das war natürlich auf viele verschiedene Weisen möglich. Es blieben sogar noch viele Möglichkeiten für jede Häufigkeitsverteilung der einzelnen Frequenzen. Von Letzteren wählte er nun im Geiste Boltzmanns die wahrscheinlichste, d. h. diejenige, für die es die meisten Möglichkeiten gab. Sie entsprach genau der im Oktober gefundenen Formel. Das *Plancksche Strahlungsgesetz* war hergeleitet. Der 14. Dezember 1900, an dem Planck seine Theorie auf einer Sitzung der Physikalischen Gesellschaft in Berlin vortrug, gilt als

Beginn der Quantentheorie, die die Physik im 20. Jahrhundert bestimmen sollte.

3.3 Das Lichtquant

Einstein wurde in Ulm geboren, besuchte die Schule in München und in Aarau, studierte am Polytechnikum in Zürich, wo er 1900 mit dem Fachlehrerexamen abschloss, und arbeitete seit 1902 am Eidgenössischen Amt für geistiges Eigentum in Bern. Dort trat er 1905 mit mehreren Arbeiten hervor, von denen wir schon eine (über die Brownsche Bewegung) erwähnt haben. Als Erster nach Planck setzte er sich theoretisch mit dessen Strahlungsgesetz auseinander. Er vermied den Begriff materieller Oszillatoren und berechnete direkt die *Entropie*, eine besondere thermodynamische Zustandsgröße, der Strahlung im Gleichgewicht mit den Gefäßwänden bei vorgegebener Temperatur, verglich sie mit der Entropie eines idealen Gases bei der gleichen Temperatur und stellte fest: «Monochromatische Strahlung [...] verhält sich in wärmetheoretischer Beziehung so, wie wenn sie aus voneinander unabhängigen Energiequanten» der Größe $h\nu$ bestünde. Einsteins erste Betrachtung eines Gases von Lichtquanten lieferte allerdings nicht das Plancksche Strahlungsgesetz, sondern nur das Wiensche.

Damit hatte Einstein die Strahlung selbst quantisiert. Nach seiner *Lichtquanten-Hypothese* besteht eine elektromagnetische Welle der Frequenz ν aus einzelnen Quanten der Energie $E = h\nu$. Zwar trat solch eine «körnige» Wellenstruktur nirgends in der klassischen Elektrodynamik auf, doch konnte Einstein auf Beobachtungen hinweisen, die sich mit seiner Hypothese erklären ließen. Da war zunächst die *Stokessche Regel*: Einfallende Strahlung, die einen Körper veranlasst, seinerseits zu strahlen, muss eine höhere oder allenfalls die gleiche Frequenz besitzen wie die ausgesandte Strahlung. Mit Lichtquanten war das offensichtlich: Einfallende Quanten dürfen nicht weniger Energie haben als die von ihnen erzeugten. Dann gab es den *photoelektrischen Effekt*, die Eigenschaft von Metallen, bei Beleuchtung Elektronen freizusetzen. Lenard hatte 1902 festgestellt, dass dafür eine für das jeweilige Metall charakteristische Mindestfrequenz nötig war. Für Einstein bedeutete das eine Mindestenergie der einfallenden Quanten, die gleich der *Austrittsarbeit* der Elektronen aus dem Metall war. Er schlug eine einfache Formel vor, die die kinetische Energie eines solchen Elektrons als Differenz der Energie des einfallenden Lichtquants und der Austrittsarbeit darstellt. Sie wurde 1916 von Millikan experimentell bestätigt.

Nur langsam setzte sich die Erkenntnis durch, dass ein Lichtquant – heute meist *Photon* genannt – der Energie $E = h\nu$ auch einen wohldefinierten Impulsbetrag besitzt, nämlich $p = h\nu/c$ (c ist, wie immer, die Lichtgeschwindigkeit). Die Formel selbst ergibt sich unmittelbar aus der ebenfalls 1905 von Einstein formulierten speziellen Relativitätstheorie. Wegen der altehrwürdigen Wellenstruktur des Lichts scheute man sich allerdings, das Lichtquant einfach als Teilchen mit Energie und Impuls zu betrachten. Das änderte sich 1923 mit der Entdeckung des *Compton-Effekts*: Compton hatte in St. Louis beobachtet, dass Lichtquanten (im Röntgenbereich) beim Zusammenstoß mit Elektronen mit diesen nicht nur Energie, sondern auch Impuls austauschen.

3.4 Das Bohrsche Atommodell

Rutherford hatte 1911 in Manchester erklärt, das Atom bestehe aus einem kleinen, schweren Kern mit positiver Ladung, der in größerem Abstand von Elektronen umgeben ist. Im folgenden Jahr war Bohr, ein junger dänischer Physiker, als Gast in Manchester. Zurück in Kopenhagen, versuchte er, Rutherfords Vorstellung theoretisch zu begründen. Diese widersprach den «klassischen» physikalischen Gesetzen. Danach wirken Elektronen, die den Kern umkreisen, wegen ihrer Ladung wie Antennen; sie verlieren Energie durch Abstrahlung und stürzen in den Kern. Bohr brauchte «neue» Physik, um die Stabilität des Atoms zu erklären, und suchte sie in der Quantentheorie von Planck und Einstein. Nachdem er auf die *Balmer-Formel* für das Spektrum des Wasserstoffatoms hingewiesen wurde, benötigte er 1913 nur wenige Wochen, um sein Atommodell zu konstruieren. In der Balmer-Formel ist jede Frequenz des Wasserstoffspektrums eine Differenz von zwei Termen, die durch ganze Zahlen gekennzeichnet sind. Durch Multiplikation mit dem Wirkungsquantum h wird die Frequenz zur Energie eines Lichtquants; die Terme werden ebenfalls Energien. Das Bohrsche Modell basiert auf zwei Postulaten. 1. Es gibt im Atom ganz bestimmte *stationäre Zustände* mit stabilen Kreisbahnen der Elektronen und mit festen Energiewerten E_n; dabei ist n eine mit der Energie steigende natürliche Zahl ($n = 1, 2, \ldots$). Für diese Zustände treffen die Gesetze der klassischen Mechanik zu, nicht aber die der Strahlung. 2. Bei einem Übergang $m \rightarrow n$ zwischen zwei Zuständen tritt ein Lichtquant der Frequenz v auf, dessen Energie hv gleich der Differenzenergie $E_m - E_n$ ist. Ist diese Differenz positiv, so wird das Lichtquant vom Atom abgestrahlt, anderenfalls muss es ihm zugeführt werden.

Einstein und Bohr 1930

Einstein schrieb 1947 über Bohrs Postulate: «Dass diese schwankende und widerspruchsvolle Grundlage hinreichte, um einen Mann mit dem einzigartigen Instinkt und Feingefühl Bohrs in den Stand zu versetzen, die hauptsächlichsten Gesetze der Spektrallinien und der Elektronenhüllen der Atome nebst deren Bedeutung für die Chemie aufzufinden, erschien mir wie ein Wunder – und erscheint mir auch heute noch als ein Wunder. Dies ist höchste Musikalität auf dem Gebiete des Gedankens.»

Mit der Annahme, dass das Wasserstoffatom nur ein Elektron besitzt, konnte Bohr aus seinen Postulaten direkt die Balmer-Formel gewinnen und die darin auftretende Rydberg-Ritz-Konstante aus Naturkonstanten berechnen, nämlich der Masse des Elektrons, der Elementarladung und dem Planckschen Wirkungsquantum. Darüber hinaus erhielt er für den Radius der

Bahn des Elektrons im Grundzustand, dem stabilen Zustand niedrigster Energie E_1, einen für eine Atomgröße vernünftigen Wert, $a_B = 0{,}55 \times 10^{-8}$ cm, der heute *Bohrscher Radius* heißt.

In zwei weiteren Arbeiten von 1913 betrachtete Bohr die Struktur von Atomen bzw. Molekülen. Dabei folgte er der Vermutung des niederländischen Amateurwissenschaftlers van den Broek, die Anzahl positiver Elementarladungen im Kern eines Atoms sei gleich der Position des Elements im Periodensystem, also 1 für Wasserstoff, 2 für Helium, 3 für Lithium usw. Er ordnete die Elektronen auf konzentrischen Ringen an, d. h. auf Kreisbahnen, die jeweils mehrere Elektronen enthalten konnten. Zwar ließ sich die Vorstellung genauer Elektronenbahnen auf die Dauer nicht halten. Es blieb jedoch das Grundprinzip: Die Elektronen sind in Schalen angeordnet, die den Atomkern umgeben; Elektronen innerhalb einer Schale haben in etwa die gleiche Energie. Die beim Übergang eines Elektrons zwischen zwei weit innen liegenden Schalen (oder Ringen) auftretende Strahlung identifizierte Bohr mit der sogenannten *charakteristischen Röntgenstrahlung*, einem Linienspektrum im Röntgenbereich, das Atome beim Beschuss mit Elektronen abgeben. Dieses Spektrum ist sehr viel einfacher als das von den äußeren Elektronen herrührende Lichtspektrum, weil es nur vom Kern und von den wenigen inneren Elektronen bestimmt wird. Schon 1914 konnte Moseley in Oxford diese Vorstellung Bohrs und damit auch die Vermutung van den Broeks experimentell bestätigen. Auch Bohrs Bild von einem zweiatomigen Molekül gilt im Wesentlichen bis heute: Die inneren Elektronen beider Atome bleiben bei ihren jeweiligen Kernen; die äußeren bilden eine gemeinsame Hülle.

Der entscheidende Schritt in Bohrs Theorie war die Gewinnung einer *Quantenbedingung*, mit der er die klassische Mechanik einschränkte. Sie drückte sich durch die *Quantenzahl* n aus. Betrachten wir den *Bahndrehimpuls* eines Elektrons auf einer Bohrschen Kreisbahn: Sein Betrag L_n ist einfach das Produkt aus Bahnradius und Impuls (Masse mal Geschwindigkeit) des Elektrons. Im Bohrschen Modell gilt $L_n = n\hbar$. Dabei ist $\hbar$ (sprich: h quer) eine später von Dirac eingeführte nützliche Abkürzung, $\hbar = h/2\pi$, für das Wirkungsquantum dividiert durch 2π. Nicht nur die Energie des Elektrons auf einer Bohrschen Bahn ist *gequantelt*, sondern auch der Drehimpuls; sein kleinster Wert ist $\hbar$. Der Drehimpuls ist ein Vektor, hat also neben dem Betrag auch eine Richtung, und zwar senkrecht zur Bahnebene. Ein kreisendes Elektron bedeutet einen kreisenden elektrischen Strom und damit einen kleinen Magneten, gekennzeichnet durch sein *magnetisches Moment*, einen Vektor, der proportional zum Drehimpuls und mithin auch gequantelt ist. Das Moment für die innerste Bohrsche Bahn ($n = 1$) heißt heute *Bohrsches Magneton*, $\mu_B = e\hbar/2m$ (mit e Elementarladung und m Elektronenmasse).

3.5 Sommerfelds Quantenbedingungen

Sommerfeld, ursprünglich Mathematiker, war Professor der Theoretischen Physik in München. Er untersuchte das Bohrsche Modell und schloss, dass es statt einer Quantenbedingung drei geben müsse, eine für jeden *Freiheitsgrad* der Bewegung des Elektrons; jede der drei Raumdimensionen entspricht einem Freiheitsgrad. Dementsprechend gab es für Sommerfeld drei Quantenzahlen, die Hauptquantenzahl n, die wie bei Bohr die Energie des Elektrons bestimmt, und zwei weitere, die die möglichen Werte

Sommerfeld

von Betrag und Richtung des Drehimpulses festlegen. Mit seinem erweiterten Modell konnte Sommerfeld 1915 viele Aspekte der optischen Spektren erklären. Seine Vorhersage der *Richtungsquantelung*, bestimmter diskreter Richtungen des Drehimpulses und damit des magnetischen Moments in einem Magnetfeld, wurde 1922 von Stern und Gerlach experimentell bestätigt. Allerdings verstand man später, dass in diesem Experiment die Richtungsquantelung nicht des Bahndrehimpulses, sondern des seinerzeit noch unbekannten *Eigendrehimpulses* (Spin) des Elektrons nachgewiesen worden war.

Unter Sommerfelds Schülern waren allein vier spätere Nobelpreisträger, darunter in den frühen 1920er Jahren die jungen Genies Pauli und Heisenberg. Pauli, ein Wiener, der schon als Gymnasiast Arbeiten zur Relativitätstheorie veröffentlicht hatte, nahm 1918 das Studium in München auf. Heisenberg war in München zur Schule gegangen und begann zwei Jahre später zu studieren. Beide arbeiteten vom ersten Semester an mit Sommerfeld zusammen. Ein wichtiges Thema in dessen Arbeitsgruppe war die sogenannte Komplexstruktur der Alkalispektren.

Da die Atome der Edelgase (Helium, Neon, Argon, ...) keine chemischen Bindungen eingehen, konnte man zu Recht annehmen, dass ihre Elektronenschalen aufgefüllt seien. Die Alkaliatome (Lithium, Natrium, Kalium, ...) haben jeweils ein Elektron mehr als ein Edelgas. Dieses Elektron findet sich allein in einer neuen Schale, es kann durch Energiezufuhr zur Lichtausstrahlung angeregt werden und heißt deshalb *Leuchtelektron*. Für dieses Elektron wirkt der *Atomrumpf*, d. h. der Kern und die Elektronen der anderen Schalen, in etwa wie eine einzige positive Elementarladung. Die Spektren der Alkalien zeigen deshalb Ähnlichkeiten mit dem Wasserstoffspektrum. Der Grundzustand des Leuchtelektrons hat die Hauptquantenzahl $n = 1$ für Wasserstoff, $n = 2$ für Lithium, $n = 3$ für Natrium usw.

Nach den Regeln des Bohr-Sommerfeld-Modells gibt es für das Elektron im Wasserstoffatom zur Hauptquantenzahl n insgesamt n^2 verschiedene stationäre Zustände, die sich noch in den Werten der beiden weiteren Quantenzahlen unterscheiden. Sie haben aber alle die gleiche Energie; man sagt, sie sind *entartet*. Die Alkalien zeigen jedoch eine *Feinstruktur*, d. h. eine Aufspaltung vieler Spektrallinien, die auf eine Energieaufspaltung der Zustände schließen lässt. So erscheint das gelbe Natrium-Licht, das entsteht, wenn man Kochsalz in eine Flamme streut, in Form zweier Linien leicht verschiedener Frequenz. Noch komplexer wird das Bild, wenn die Atome sich bei der Ausstrahlung in einem Magnetfeld befinden. Dann findet man nicht zwei, sondern zehn gelbe Linien. Die Beeinflussung der Lichtausstrahlung durch Magnetfelder wurde 1896 durch Zeeman in Leiden entdeckt. Lorentz gab eine Erklärung für die allerdings seltener beobachtete Aufspaltung in drei Linien, die als *normaler Zeeman-Effekt* bezeichnet wird. Die Alkalispektren zeigen den sogenannten *anomalen Zeeman-Effekt*. Sommerfeld und auch Heisenberg suchten nach empirischen Regeln zur Erklärung der Komplexstruktur, jedoch ohne endgültigen Erfolg.

3.6 Das Paulische Ausschließungsprinzip

Pauli

Nach seiner Promotion ging Pauli für ein Jahr als Assistent zu Born nach Göttingen und folgte dann einer Einladung von Bohr nach Kopenhagen. Aus dieser Zeit gibt es folgende Anekdote. Pauli ging, tief in Gedanken, durch die Stadt, als ein Kollege ihn ansprach: «Herr Pauli, Sie sehen aber heute nicht glücklich aus.» Paulis Antwort: «Wie kann man glücklich aussehen, wenn man über den anomalen Zeeman-Effekt nachdenkt?» Inzwischen Privatdozent in Hamburg, las Pauli 1924 eine gerade erschienene Arbeit von Stoner aus Cambridge mit folgender Feststellung: Im Magnetfeld ist die Zahl der Energieterme des Leuchtelektrons eines Alkaliatoms im Grundzustand gleich der Zahl der Elemente in der Zeile des Periodensystems, die mit diesem Atom beginnt, also z. B. für Lithium gleich 8. Für Lithium gibt es bei $n = 2$ genau $n^2 = 4$ Zustände, die in Bezug auf die beiden anderen Quantenzahlen voneinander verschieden sind.

Anfang 1925 schrieb Pauli dem Elektron eine weitere Quantenzahl zu, die zwei verschiedene Werte annehmen können sollte. Mithin gab es nun 8 verschiedene Zustände zu $n = 2$. Offenbar hatten diese im Magnetfeld auch alle verschiedene Energien; ihre Entartung war vollständig aufgehoben. Pauli postulierte nun das später so genannte *Ausschließungsprinzip* oder *Pauli-Prinzip*: Kein Elektron im Atom darf exakt die gleichen Quantenzahlen besitzen wie irgendein anderes. Mithin finden in der Schale zu $n = 2$ höchstens 8 Elektronen Platz. Das ist beim Edelgas Neon der Fall. Danach muss mit dem Natrium eine neue Schale mit $n = 3$ begonnen werden. Für seine neue Quantenzahl sah Pauli keinen mechanischen Grund, etwa einen weiteren Freiheitsgrad. Er sprach von einer «klassisch nicht beschreibbaren Zweideutigkeit».

3.7 Der Spin

Und doch wurde ein Zusammenhang zwischen der Paulischen «Zweideutigkeit» und der Mechanik des Elektrons gefunden, obwohl er nicht durch die klassische Mechanik beschreibbar war. Das Elektron besitzt zusätzlich zum *Bahndrehimpuls* (aufgrund seiner Bahn um den Kern) einen *Eigendrehimpuls* oder *Spin*, ähnlich wie ein Planet, der sich sowohl um die Sonne als auch um sich selbst dreht. Der Spin des Elektrons ist mit $\hbar/2$ nur halb so groß wie sein Bahndrehimpuls auf der ersten Bohrschen Bahn. Das zugehörige magnetische Moment ist $1\mu_B$. (In Bezug auf die Hervorrufung eines magnetischen Moments ist der Spin offenbar «doppelt so effizient» wie der Bahndrehimpuls (vgl. S. 38). Das wird durch den *g-Faktor* $g = 2$ ausgedrückt, den man dem Elektron zuordnet.) Die Richtungsquantelung erlaubt genau zwei Einstellungen im Bezug auf die Richtung eines Magnetfeldes. Der förmlichen Beschreibung des Spins dienen zwei Quantenzahlen: die Quantenzahl $s = \frac{1}{2}$ des Spins selbst und die Quantenzahl seiner Komponente in Feldrichtung, die die Werte $s_z = -\frac{1}{2}$ und $s_z = +\frac{1}{2}$ annehmen kann. So ließ sich die Komplexstruktur der Spektren endlich vollständig beschreiben.

Die Vorstellung vom Eigendrehimpuls des Elektrons entstand 1925, und zwar gleich zweimal. Im Januar trug Kronig, ein junger amerikanischer Physiker, sie Pauli vor. Pauli bemerkte: «Das ist ja ein ganz witziger Einfall», glaubte aber, wie Kronig sich später erinnerte, «nicht, dass der Vorschlag irgendeine Verbindung zur Wirklichkeit hätte». Im Sommer hatten Goudsmit und Uhlenbeck in Leiden mehr Glück mit derselben Idee. Ehrenfest, ihr Professor, ermunterte sie, eine kurze Arbeit darüber zu schreiben und sie auch mit seinem Vorgänger Lorentz zu besprechen. Dieser fand, was Pauli wohl sofort gesehen hatte: Weder der Spin noch das magnetische Moment lassen sich auch nur annähernd erklären, wenn man das Elektron als eine kleine geladene rotierende Kugel betrachtet. Ohne Lorentz' Meinung abzuwarten, reichte Ehrenfest die Arbeit zur Veröffentlichung ein. Zu Goudsmit und Uhlenbeck meinte er: «Sie beide sind jung. Sie können sich eine Dummheit leisten.» Die beiden wurden durch diese Publikation die Entdecker des Spins.

3.8 Dreimal Statistik

Im Jahr 1924 schickte Bose, ein bis dahin unbekannter Dozent an der Universität Dacca in Indien, Einstein eine Arbeit mit der ersten Ableitung des Planckschen Gesetzes allein aus statistischen Betrachtungen eines Gases aus Lichtquanten (ohne Rückgriff auf materielle Oszillatoren) und bat ihn um Hilfe bei deren Publikation. Einstein übersetzte sie selbst ins Deutsche und reichte sie innerhalb einer Woche bei einer Zeitschrift ein.

In Boltzmanns Statistik (Abschnitt 1.2) wird die Anzahl der möglichen Realisierungen eines Makrozustandes (bestimmte Anzahlen von Teilchen in jeder Phasenraumzelle) durch verschiedene Mikrozustände (genau bekannte Teilchen in jeder Zelle) gezahlt. Die Größe der Phasenraumzellen ist in der Boltzmann-Statistik unerheblich, solange sie nur hinreichend klein ist. Das Volumen der Phasenraumzelle hat die Dimension Wirkung hoch drei. In der Quantenphysik schien, wie Sommerfeld und Planck bemerkt hatten, h^3 ein sinnvolles Zellvolumen. Für Boltzmann waren die einzelnen gleichartigen Teilchen eines Gases *unterscheidbar*; für ihn waren «Teilchen A in Zelle I, Teilchen B in Zelle II» und «Teilchen B in Zelle I, Teilchen A in Zelle II» verschiedene Mikrozustände. Bose erklärte die Lichtquanten für *ununterscheidbar*; es gab nur den Zustand «1 Teilchen in Zelle I, 1 Teilchen in Zelle II». Außerdem mussten für Bose nicht alle Mikrozustände die gleiche Gesamtzahl von Lichtquanten enthalten; es reichte, dass sie die gleiche Gesamtenergie hatten.

Einstein erkannte, dass Boses Verfahren sich auf Atome übertragen ließ, wenn man auch Teilchenzahlerhaltung forderte, und arbeitete noch 1924/25 seine «Theorie des idealen einatomigen Gases» aus, die wir heute *Bose-Einstein-Statistik* nennen. Sie unterscheidet sich von der *Boltzmann-Statistik* insbesondere, wenn die Temperatur niedrig und Teilchenzahldichte groß ist. Die herkömmliche statistische Unabhängigkeit der Teilchen geht dann verloren: je mehr Teilchen in einer Zelle, desto wahrscheinlicher, dass sich ein weiteres dazugesellt. Unterhalb einer bestimmten Temperatur tritt eine neue Erscheinung auf. Ein Teil der Atome «kondensiert» in einem gemeinsamen Zustand niedrigster Energie, der Rest bleibt ein Gas. Einstein schrieb dazu an Ehrenfest: «Die Theorie ist hübsch, aber ob auch was Wahres dran ist?» (Dazu mehr in Abschnitt 11.5.)

Fermi, damals ein junger Dozent in Florenz, wandte Boses Ununterscheidbarkeit 1926 auf Teilchen an, die dem Pauli-Prinzip gehorchen. Dann ist jede Zelle im Phasenraum höchstens mit zwei Teilchen besetzt, und zwar deshalb mit zwei, weil zwei Teilchen sich noch durch die Orientierung ihrer Spins unterscheiden können. Seine Theorie heißt jetzt *Fermi-Dirac-Statistik* (vgl. Abschnitt 6.5). Ein Fermi-Gas hat im Zustand niedrigster Gesamtenergie, also bei der absoluten Temperatur $T = 0$, überraschende Eigenschaften. Es tritt eine bestimmte feste Energie auf, die *Fermi-Energie*; alle Zellen mit kleinerer Energie sind besetzt, alle mit größerer leer. Somit haben viele Teilchen eine vergleichsweise hohe Energie, weil alle Zustände mit niedrigerer Energie besetzt sind. Bei höheren Temperaturen ändert sich das zunächst nur wenig. Der Effekt ist von großer Bedeutung für die Leitung des elektrischen Stromes durch Elektronen in Metallen und Halbleitern.

Alle elementaren oder zusammengesetzten Teilchen sind entweder *Bosonen*, die der Bose-Einstein-Statistik gehorchen, oder *Fermionen*, auf die die Fermi-Dirac-Statistik zutrifft. (Für kleine Teilchenzahldichte und hohe Temperatur unterscheiden sich beide praktisch nicht von der Boltzmann-Statistik der klassischen Physik.) Bosonen haben ganzzahligen Spin in Einheiten von $\hbar$ $(0, \hbar, 2\hbar, \ldots)$, Fermionen halbzahligen $(\frac{1}{2}, \frac{3}{2}\hbar, \frac{5}{2}\hbar, \ldots)$. Diese zunächst empirisch gefundene Regel wurde 1940 von Pauli im Rahmen der relativistischen Quantenmechanik bewiesen.

4 Spezielle Relativitätstheorie

Einstein

Mitte März 1905 hatte Einstein seine Arbeit über das Lichtquant fertiggestellt. Ende April schloss er seine Doktorarbeit für die Universität Zürich ab, Mitte Mai seine Arbeit zur Brownschen Bewegung, und Ende Juni beendete er den Artikel «Zur Elektrodynamik bewegter Körper», in dem er die spezielle Relativitätstheorie schuf. Ende September folgte ein zweiter Aufsatz mit der berühmten Beziehung zwischen Masse und Energie.

4.1 Vorgeschichte

Als Elektrodynamik bezeichnet man die «klassische» Theorie von Elektrizität und Magnetismus in der Form, die ihr 1873 von Maxwell in Cambridge nach langjähriger Arbeit gegeben wurde. Sie sagt die Existenz elektromagnetischer Wellen voraus. Deren Erzeugung und Nachweis gelang Hertz 1886 in Karlsruhe. Die Wellenlänge der Hertzschen Wellen lag im Bereich Meter, entsprechend der Länge der von ihm konstruierten Antennen. Die Wellenlänge des sichtbaren Lichts, ebenfalls einer elektromagnetischen Welle, beträgt nur etwa ein Millionstel davon. Alle diese Wellen breiten sich mit der Lichtgeschwindigkeit $c = 299\,792\,458\,\text{m/s}$ aus, also mit etwa $300\,000$ Kilometern in der Sekunde.

Betrachten wir für den Moment eine Schallwelle in Luft. Sie ist ein räumliches Muster aus Regionen unterschiedlichen Drucks, d. h. Regionen mit mehr oder weniger Molekülen pro Volumeneinheit. Durch Stöße benachbarter Moleküle pflanzt sich das Muster im Raum fort. Die Moleküle selbst bewegen sich dabei kaum von der Stelle. Die Luft ist der *Träger* der Schallwelle. Ihre Eigenschaften bestimmen die Geschwindigkeit der Schallwelle relativ zur ruhenden Luft.

Man nahm es bis zur Aufstellung der Relativitätstheorie als selbstverständlich an, dass jede Welle einen materiellen Träger brauche. Den Träger der Lichtwellen nannte man *Äther*. Er musste das Universum erfüllen, damit man die Sterne sehen konnte. Er musste alle Körper durchdringen, und diese mussten sich reibungsfrei durch ihn bewegen können. Er sollte relativ zu den Fixsternen ruhen. Maxwell erwog als Erster, die Geschwindigkeit $v = 30\,\mathrm{km/s}$ der Erde relativ zur Sonne zum Nachweis des Äthers zu nutzen, hielt das aber wegen des äußerst kleinen Effekts für nicht durchführbar. Lässt man nämlich im Labor ein Lichtsignal eine feste, in Richtung der Relativgeschwindigkeit ausgerichtete Strecke hin und zurück durchlaufen und eine zweite gleich lange senkrecht dazu gerichtete Strecke, so sind – im Rahmen dieser Vorstellung – die vom Licht zurückgelegten Wege voneinander verschieden; der in Richtung der Relativgeschwindigkeit ist etwas länger, wenn auch nur um einen winzigen Bruchteil der Länge von der Größenordnung $v^2/c^2 = 10^{-8}$. Dem amerikanischen Physiker Michelson gelang 1881 in Potsdam erstmals das Experiment. Allerdings konnte er keinen Wegunterschied feststellen. Das blieb auch so, als er das Experiment mit verbesserter Genauigkeit 1887 mit dem Chemiker Morley in Cleveland wiederholte.

Für das überraschende Ergebnis des *Michelson-Experiments* gaben unabhängig voneinander 1889 FitzGerald in Dublin und 1892 Lorentz in Leiden folgende heute sonderbar anmutende Erklärung: Alle Materie werde in der Richtung ihrer Bewegung durch den Äther ein wenig gestaucht, und zwar gerade um so viel, dass der von Michelson gesuchte Wegunterschied nicht auftritt.

4.2 Einsteins Relativitätsprinzip

Einstein betont in der Einleitung seiner Arbeit «Zur Elektrodynamik bewegter Körper», die Einführung eines «Lichtäthers»

sei überflüssig, denn seine Theorie benötige keinen «absolut ruhenden Raum». Diese stützt sich auf zwei Prinzipien, das *Relativitätsprinzip* und das *Prinzip von der Konstanz der Lichtgeschwindigkeit.* Das Relativitätsprinzip formuliert Einstein wie
folgt: «Die Gesetze [der Physik] sind unabhängig davon, auf
welches von zwei relativ zueinander in gleichförmiger Transla-
tionsbewegung befindlichen Koordinatensysteme [sie] bezogen
werden.» Dieses Prinzip ist in der klassischen Mechanik altbe-
kannt. (Im Speisewagen eines mit konstanter Geschwindigkeit
geradeaus fahrenden Zuges gelten die gleichen Gesetze wie im
Bahnhofsrestaurant. Nur wenn der Zug abbremst oder in eine
Kurve geht, muss man mit Überraschungen rechnen.) Im zweiten Prinzip fordert Einstein nun zusätzlich, dass die Geschwindigkeit eines Lichtsignals in jedem Koordinatensystem den gleichen Wert c hat, und zwar unabhängig von der Bewegung der
Lichtquelle in diesem System.

4.3 Raum und Zeit

In der klassischen Physik wurde stillschweigend angenommen,
die Zeit sei in allen Bezugssystemen die gleiche. (Einmal, vor der
Abfahrt, synchronisiert, zeigen offenbar die Uhren im Speisewagen und im Bahnhofsrestaurant die gleiche Zeit.) Das Prinzip
von der Konstanz der Lichtgeschwindigkeit macht das unmög-
lich. Einstein betrachtete zwei Koordinatensysteme K und K'
mit zueinander parallelen Achsen. Er dachte sich beide mit einem im jeweiligen System festen Gerüst aus starren Maßstäben
und vielen über das System verteilten Uhren ausgestattet. Ein
Ereignis wurde in K durch die an den Maßstäben abgelesenen
Ortskoordinaten x, y, z und die Zeit t gekennzeichnet, die von
der am gleichen Ort befindlichen Uhr angezeigt wurde. Die Syn-
chronisation der Uhren im System K wurde wie folgt bewirkt:
Der Ort x, y, z hat den Abstand a vom Koordinatenursprung
mit $a^2 = x^2 + y^2 + z^2$. Ein Lichtsignal verlässt den Ursprung
$x = y = z = 0$ zur der Zeit, an der die dort befindliche Uhr
die Zeit $t = 0$ anzeigt. Die Laufzeit des Lichtes von da zum Ort
x, y, z ist a/c; wenn also bei Ankunft des Signals die dortige Uhr

die Zeit $t = a/c$ anzeigt, sind beide Uhren synchron. Ganz Entsprechendes gilt für K'. Das System K' bewegt sich gegen K mit der Geschwindigkeit v in x-Richtung. Zur Zeit $t = t' = 0$ fallen beide Systeme exakt zusammen. Ein *Ereignis* wird in K durch Angabe von x, y, z, t beschrieben, in K' durch x', y', z', t'. Aus den beiden Prinzipien und seinen Messvorschriften für Ort und Zeit gewann Einstein einfache Rechenvorschriften, die es erlauben, die letzteren vier Größen aus den ersteren zu berechnen und umgekehrt. Sie heißen heute *Lorentz-Transformationen*.

4.4 Längenverkürzung und Zeitdehnung

Aus diesen Vorschriften folgt direkt die von FitzGerald und Lorentz beschriebene *Längenkontraktion*. Ein Stab erstrecke sich in x-Richtung und ruhe im System K. Seine Länge L werde als Differenz der x-Koordinaten seiner Endpunkte bestimmt, die in K zur gleichen Zeit t gemessen werden. Im System K' werden die entsprechenden x'-Koordinaten zur gleichen Zeit t' gemessen. Die daraus gebildete Länge L' ist kürzer als L, es gilt $L' = L/\gamma$. Die Größe γ heißt *Lorentz-Faktor* und hängt sehr empfindlich vom Verhältnis v/c der Relativgeschwindigkeit der Koordinatensysteme zur Lichtgeschwindigkeit ab. Man findet $\gamma = 1/\sqrt{1 - (v/c)^2}$. Gewöhnliche Geschwindigkeiten auf der Erde sind so klein, dass γ praktisch gleich 1 ist und $L' = L$. Künstlich beschleunigte Teilchen und Elektronen aus dem radioaktiven Zerfall können dagegen Geschwindigkeiten nahe der Lichtgeschwindigkeit erreichen, also sehr große Werte von γ.

Einstein beschrieb auch die *Zeitdilatation* (Zeitdehnung). Er betrachtete eine Uhr, die in K ruht. Auf ihr werden nacheinander zwei Zeiten t_1 und t_2 abgelesen. Sie entsprechen zwei Ereignissen x, y, z, t_1 und x, y, z, t_2 an einem Ort. Die Zeitspanne $\Delta t = t_2 - t_1$ ist die Differenz der beiden Zeiten. Im gegen K und damit gegen diese Uhr bewegten System K' sind die entsprechenden Zeiten der beiden Ereignisse t'_1 und t'_2. Ihre Differenz $\Delta t' = \gamma \Delta t$ ist um den Faktor γ größer als Δt.

4.5 Addition von Geschwindigkeiten

Wegen der Sonderstellung der Lichtgeschwindigkeit lassen sich
Geschwindigkeiten nicht in herkömmlicher Weise addieren. Ein
Körper möge sich im System K' mit der Geschwindigkeit v in
Richtung x' bewegen. Das System K' selbst bewege sich im System K mit der Geschwindigkeit u in Richtung x. Wie groß ist
die Geschwindigkeit w des Körpers im System K? Einstein fand
$w = (u+v)/(1+uv/c^2)$. Sind sowohl u wie v sehr viel kleiner als
c, so ist der Nenner praktisch gleich 1, und man erhält einfach
die Summe der Einzelgeschwindigkeiten. Im anderen Extremfall, dass beide gleich c sind, ist der Nenner gleich 2, und w ist
ebenfalls gleich der Lichtgeschwindigkeit. Diese kann offenbar
nicht überschritten werden.

4.6 Folgerungen für die Elektrodynamik

Den bisher skizzierten Teil seiner Theorie nannte Einstein den
«kinematischen Teil» seiner Arbeit. Im zweiten, «elektrodynamischen Teil» stellte er fest, dass die Elektrodynamik seine Prinzipien exakt erfüllt. Betrachtet man eine Anordnung aus elektrischen und magnetischen Feldern einmal im System K und
einmal in K', so beschreibt die Lorentz-Transformation genau
die beobachteten Veränderungen. Dabei werden nicht das elektrische und das magnetische Feld jeweils für sich transformiert,
sondern die insgesamt 6 Komponenten des elektromagnetischen
Feldes (3 elektrische und 3 magnetische) gehen über in 6 Komponenten des transformierten Feldes. Besonders interessant ist
die Betrachtung einer einzelnen, in K ruhenden elektrischen
Ladung. Sie wird von einem wohlbekannten elektrischen Feld
umgeben; ein magnetisches Feld existiert nicht. In K' beobachtet, bewegt sich die Ladung und stellt damit einen elektrischen
Strom dar, der nach den Gesetzen der Elektrodynamik Ursache
für ein magnetisches Feld ist. Die Lorentz-Transformation von
K nach K' liefert genau dieses Feld.

4.7 Folgerungen für die Mechanik

Die «klassische» Newtonsche Mechanik kennt keine Beschränkung der Geschwindigkeit; die Zeit ist in allen Systemen die gleiche. Sollte sie Einsteins beide Prinzipien erfüllen, bedurfte sie demnach der Modifikation. Dazu untersuchte Einstein Vorgänge mit mechanischen und elektrodynamischen Anteilen. Für Letztere kannte er die Transformationseigenschaften; für den gesamten Vorgang konnte er sich auf ein übergeordnetes Prinzip stützen, wie etwa das von der Erhaltung der Energie. So gewann er Einblicke in die Transformationseigenschaften des mechanischen Anteils. Den ersten Schritt dazu tat Einstein, indem er die Bewegungsenergie E_{kin} berechnete, die ein geladenes, ursprünglich ruhendes Teilchen der Masse m aus einem elektrischen Feld aufnimmt, um die Geschwindigkeit v zu erreichen, und fand, in moderner Schreibweise ausgedrückt, $E_{kin} = \gamma mc^2 - mc^2$. Wie oben ist γ der Lorentz-Faktor $1/\sqrt{1 - (v/c)^2}$.

Einen zweiten, entscheidenden Schritt Einsteins enthält seine Arbeit vom September 1905 mit dem Titel «Ist die Trägheit eines Körpers von seinem Energieinhalt abhängig?» Hier betrachtete er einen in K ruhenden Körper, der in zwei entgegengesetzte Richtungen jeweils die gleiche Energiemenge in Form elektromagnetischer Strahlung abgibt. Durch Vergleich der Energie des Körpers vor der Abstrahlung im System K und in einem demgegenüber bewegten System K' mit den Energien von Körper und Strahlung in beiden Systemen nach der Emission fand Einstein (wir benutzen moderne Bezeichnungen): «Die Masse eines Körpers ist ein Maß für seinen Energieinhalt; ändert sich die Energie um ΔE, so ändert sich die Masse in demselben Sinne [sie steigt, wenn ΔE steigt, und fällt anderenfalls] um $\Delta E/c^2$.» Damit entspricht die gesamte Masse des Körpers in dem System, in dem er ruht – seine sogenannte *Ruhmasse m* –, einer Energie E, dividiert durch c^2, also $m = E/c^2$. Aufgelöst nach der Energie, ergibt sich die bekannteste aller physikalischen Formeln, $E = mc^2$. Bezeichnen wir zur besseren Unterscheidung diese *Ruhenergie* mit E_{ruh} und addieren sie zu der am Ende des letzten Absatzes angegebenen kinetischen Energie, so erhalten wir als Gesamtenergie den Ausdruck $E_{ges} = E_{kin} + E_{ruh} = m\gamma c^2 = Mc^2$. Dabei ist $M = \gamma m$ eine mit dem Lorentz-Faktor und also mit der Geschwindigkeit ansteigende Masse.

4.8 Minkowskis «Welt»

Minkowski war einer der Mathematikprofessoren Einsteins am Zürcher Polytechnikum. Er ging 1902 nach Göttingen und untersuchte von 1907 an mathematische Aspekte der Einsteinschen Theorie. Im September 1908 hielt er vor der Versammlung Deutscher Naturforscher und Ärzte in Köln einen viel beachteten Vortrag mit dem Titel «Raum und Zeit». Er begann wie folgt: «Die Anschauungen über Raum und Zeit, die ich Ihnen entwickeln möchte, sind auf experimentell-physikalischem Boden erwachsen. Darin liegt ihre Stärke. Ihre Tendenz ist eine radikale. Von Stund an sollen Raum für sich und Zeit für sich völlig zu Schatten herabsinken und nur noch eine Art Union der beiden soll Selbständigkeit bewahren.» Diese Union bezeichnen wir als *Minkowski-Raum*; Minkowski selbst nannte sie *die Welt*

Betrachten wir zunächst den herkömmlichen dreidimensionalen Raum der *Euklidischen Geometrie*. Ein fester Punkt in diesem Raum habe die Koordinaten x, y, z bezüglich eines bestimmten Koordinatensystems. Sein Abstand a vom Ursprung des Systems ist nach dem Satz von Pythagoras durch $a^2 = x^2 + y^2 + z^2$ gegeben. In einem zweiten System mit dem gleichen Ursprung, das gegen das erste gedreht ist, haben die drei Koordinaten andere Werte, nicht aber der Abstand a. Das gilt auch, wenn man nicht den Abstand zum Ursprung, sondern den Abstand Δa zu einem beliebigen anderen Punkt betrachtet. Man sagt, der räumliche Abstand ist eine *Invariante*, also eine unveränderliche Größe, unter Drehungen.

Die Lorentz-Transformationen verknüpfen die Zeit und die drei Ortskoordinaten t, x, y, z eines Ereignisses im System K mit den entsprechenden Größen t', x', y', z' in einem relativ dazu mit konstanter Geschwindigkeit bewegten System K'. Sie machen eine enge Verwandtschaft von Raum und Zeit deutlich. Auch unter Lorentz-Transformationen gibt es eine Invariante, den *Viererabstand*. Minkowski benutzte statt der Zeit t deren Produkt ct mit der Lichtgeschwindigkeit. Das erlaubte es ihm, den dreidimensionalen Raum um die vierte Koordinate ct zu erweitern, weil ct – wie die drei Ortskoordinaten – die Dimension einer Länge hat. Nennen wir $\Delta t = t_2 - t_1$ den zeitlichen Abstand zweier Ereignisse und Δa den räumlichen, so bleibt der *Viererabstand* Δs unter Lorentz-Transformationen invariant, es gilt $(\Delta s)^2 = c^2 (\Delta t)^2 - (\Delta a)^2$. Wegen des Minuszeichens hat der Satz des Pythagoras in Minkowskis vierdimensionalem Raum allerdings eine andere Form als im dreidimensionalen Ortsraum. Man sagt, der Minkowski-Raum besitzt eine andere *Metrik* als der Euklidische Raum. Es gelang Minkowski, mit seinen Methoden in eleganter Form aus der Newtonschen Mechanik eine relativistische Mechanik zu entwickeln, die den Einsteinschen Prinzipien entspricht.

Neben dem gerade erwähnten vierdimensionalen Abstandsvektor mit den Koordinaten $c\Delta t$, Δx, Δy, Δz lassen sich weitere *Vierervektoren* einführen, insbesondere der *Viererimpuls*, der die Gesamtenergie E eines Teilchens und seine drei Impulskomponenten in der Form E/c, p_x, p_y, p_z zusammenfasst. Dessen Quadrat, natürlich gebildet mit der Minkowskischen Metrik, ist ebenfalls eine Invariante, und zwar das Quadrat der Ruhmasse m des Teilchens, multipliziert mit dem Quadrat der Lichtgeschwindigkeit, $m^2 c^2 = E^2/c^2 - p^2$. Hier ist $p^2 = p_x^2 + p_y^2 + p_z^2$ das Quadrat des Impulses. Für ein ruhendes Teilchen ist $p = 0$, und man erhält, wie erwartet, $mc^2 = E$. Die Sätze von der Erhaltung der Energie und des Impulses der klassischen Mechanik werden zum Satz der Erhaltung des Viererimpulses: Beim Stoß oder einer anderen Reaktion mehrerer Teilchen ändert sich der Gesamt-Viererimpuls nicht, d. h., die (komponentenweise gebildete) Summe der Viererimpulse für die Teilchen vor der Reaktion ist gleich der nach der Reaktion gebildeten Summe.

4.9 Überprüfung im Experiment

Es ist typisch für Einstein, dass er sofort eine experimentelle Nachprüfung seiner Verknüpfung von Masse und Energie ins Auge fasste und schon 1905 schrieb: «Es ist nicht ausgeschlossen, dass bei Körpern, deren Energieinhalt in hohem Maße veränderlich ist (z. B. bei den Radiumsalzen), eine Prüfung der Theorie gelingen wird.» Tatsächlich ist etwa beim α-Zerfall eines Atomkerns die Masse des Mutterkerns größer als die Summe der Massen von Tochterkern und α-Teilchen. Die Massendifferenz tritt entsprechend Einsteins Formel als Bewegungsenergie des α-Teilchens und des Tochterkerns auf.

Für stabile, also nicht radioaktive Kerne, wie sie die meisten Atome besitzen, ist die Masse des Kerns kleiner als die Summe der Massen seiner Bestandteile. Um diese voneinander zu trennen, muss also Energie aufgewandt werden. Diese *Bindungsenergie* beträgt im Mittel etwa 8 MeV für jedes Nukleon, also jedes Proton oder Neutron. Damit ist die Ende des Abschnitts 1.8 erwähnte Ganzzahl-Regel von Aston erklärt. Auch die Bindungsenergie eines Elektrons im Atom entspricht einer Massendifferenz; sie beträgt allerdings nur etwa ein Millionstel der eines Nukleons im Kern.

In Experimenten, in denen zwei Teilchen aufeinanderstoßen, kann die Bewegungsenergie der beiden Ausgangsteilchen dazu dienen, Teilchen mit anderer, auch größerer Ruhmasse zu erzeugen. Solche Experimente werden gewöhnlich mithilfe von Teilchenbeschleunigern ausgeführt. Bei deren Konstruktion müssen alle Effekte der speziellen Relativitätstheorie berücksichtigt werden, z. B. die Zunahme der Masse mit der Geschwindigkeit, aber auch die Längenkontraktion: Im Bezugssystem des Teilchens erscheinen die von ihm durchlaufenen Beschleunigerstrukturen verkürzt.

5 Allgemeine Relativitätstheorie

5.1 Trägheit und Schwere

Als Ausgangspunkt für die Entwicklung der allgemeinen Relativitätstheorie diente Einstein die scheinbar banale Feststellung: «Alle Körper fallen gleich schnell.» Wieso tun sie das eigentlich?

Im 17. Jahrhundert formulierte Newton die Grundlagen der klassischen Mechanik, insbesondere das *Trägheitsgesetz* und das *Gravitationsgesetz*. Das Trägheitsgesetz, «Kraft gleich Masse mal Beschleunigung», sagt aus, dass die auf einen Körper der Masse m wirkende Kraft F eine Beschleunigung, also eine zeitliche Geschwindigkeitsänderung a des Körpers, bewirkt, die proportional zur Kraft und umgekehrt proportional zur Masse ist: $F = ma$. Da man für die gleiche Beschleunigung bei größerer Masse auch mehr Kraft aufwenden muss, spricht man von *Trägheit* oder *träger Masse*. Das Gravitationsgesetz beschreibt die anziehende *Schwerkraft* auf eine Masse m, die durch andere Massen verursacht wird. Ihr Betrag $F = mg$ ist das Produkt aus der Masse m und der Stärke g des Gravitationsfeldes, das durch die Größen und Abstände der anderen Massen bestimmt ist. An der Erdoberfläche genügt es fast immer, die Erde selbst als die andere Masse zu betrachten; die Gravitationsfeldstärke zeigt zum Erdmittelpunkt. Der Ausdruck $F = mg$ für die Schwerkraft ähnelt dem für die elektrische Kraft auf eine Ladung q, hervorgerufen durch die elektrische Feldstärke E, nämlich $F = qE$. Die *schwere Masse* spielt also im Schwerefeld die gleiche Rolle wie die Ladung im elektrischen Feld und eine völlig andere Rolle als die träge Masse im Trägheitsgesetz. Trotzdem sind, wie das Experiment zeigt, schwere Masse und träge Masse gleich groß. Zur Beschreibung eines fallenden Körpers setzt man die Schwerkraft ins Trägheitsgesetz ein. Dabei fällt die Masse heraus; alle Körper erfahren die gleiche Beschleunigung $a = g$: Zur gleichen

Zeit losgelassen, sind verschiedene Körper zu jeder späteren Zeit gleich schnell.

5.2 Das Äquivalenzprinzip

Einstein beschrieb 1920, wie er 1907, noch in Bern, versuchte, «die Newton'sche Gravitationstheorie so zu modifizieren, dass ihre Gesetze in die [spezielle Relativitäts-]Theorie hineinpassten»: «Da kam mir der glücklichste Gedanke meines Lebens. *... für einen vom Dache eines Hauses frei herabfallenden Beobachter existiert während seines Falles – wenigstens in seiner unmittelbaren Umgebung – kein Gravitationsfeld.* Lässt der Beobachter nämlich irgendwelche Körper los, so bleiben sie relativ zu ihm im Zustande der Ruhe bezw. der gleichförmigen Bewegung, unabhängig von ihrer besonderen chemischen oder physikalischen Natur. Der Beobachter ist also berechtigt, seinen Zustand als ‹Ruhe› zu deuten.» Aus dieser Erkenntnis heraus stellte Einstein sein *Äquivalenzprinzip* auf: Die Schwerkraft entspricht einer Beschleunigung. Im System des Hauses herrscht Schwerkraft, in dem dagegen mit dem Beobachter fallenden, beschleunigten System nicht. Von diesem schwerefreien System aus betrachtet, ist das Haus beschleunigt; Personen im Haus empfinden deshalb eine Kraft. Bis dahin hatte Einstein nur gegeneinander unbeschleunigte Bezugssysteme betrachtet. Diese Situation musste nun verallgemeinert werden. Er nannte daher seine Theorie der Gravitation die *allgemeine* Relativitätstheorie, zur Unterscheidung von der 1905 geschaffenen *speziellen*.

Einstein ging 1909 als Professor an die Universität Zürich, 1911 an die Deutsche Universität in Prag und 1912 zurück nach Zürich, diesmal an das Polytechnikum seiner Studientage, das inzwischen Eidgenössische Technische Hochschule (ETH) hieß. Von 1914 bis 1933 war er Mitglied der Preußischen Akademie der Wissenschaften und hatte eine Professur ohne Vorlesungsverpflichtung an der Berliner Universität. Im Jahr 1932 nahm Einstein die Mitgliedschaft des Institute for Advanced Studies in Princeton an, wo er die Hälfte jedes Jahres sein wollte, und blieb von 1933 an ganz dort. In Prag, Zürich und Berlin entstand die allgemeine Relativitätstheorie.

5.3 Die Schwere des Lichts

In Prag beantwortete Einstein die Frage nach der Schwere des Lichts, d. h. die Frage, ob das elektromagnetische Feld bei der Bewegung im Gravitationsfeld seine Energie ändert. Im einfachsten Fall hat das Feld überall die gleiche Richtung und gleiche Stärke g. Das ist beispielsweise das Schwerefeld, das wir aus dem täglichen Leben kennen; die Schwerkraft ist überall gleich groß und zeigt nach unten. Einstein betrachtete zwei Körper, von denen einer sich um die Höhe h oberhalb des anderen befand. Der obere strahlte elektromagnetische Energie E in Richtung des unteren ab, der untere absorbierte sie. Er fand, dass die absorbierte Energie höher war als die ausgestrahlte, und zwar um den Betrag $\Delta E = (E/c^2)gh$. Das Licht nahm, ähnlich wie ein Stein, beim Fallen Energie aus dem Feld auf. Das elektromagnetische Feld – und damit auch das Licht – gewinnt also Energie, wenn es im Schwerefeld «fällt», und es verliert Energie, wenn es gegen die Feldrichtung «ansteigt». Für Licht bedeutet das eine Verschiebung der Frequenz hin zu größeren Werten (Blauverschiebung) beim Fallen und zu kleineren Werten (Rotverschiebung) beim Steigen. Einstein berechnete den Wert 2×10^{-6} für die relative Rotverschiebung des Lichts auf dem Weg von der Sonnenoberfläche zur Erde. Sie ist jedoch nicht mit dieser Genauigkeit messbar, weil die Spektrallinien der Atome wegen der auf der Sonne herrschenden Bedingungen nicht scharf genug sind. Rebka und Pound bestätigten 1962 an der Harvard-Universität die Rotverschiebung direkt auf der Erde bei einem Höhenunterschied von nur 23 Metern. Statt Licht benutzten sie γ-Strahlung. Eine 1958 von Mössbauer entwickelte Hochpräzisionsmethode ermöglichte den Nachweis der winzigen relativen Frequenzänderung von $2,5 \times 10^{-15}$.

In der Prager Arbeit gab Einstein auch einen ersten Wert für die Ablenkung von Licht, wenn dieses, von einem Stern kommend, auf dem Weg zur Erde dicht an der Sonnenoberfläche vorbeikommt. Da in der neuen Theorie das Licht die Gravitation spürt, ist es nicht allzu erstaunlich, dass Einstein einen Ablenkwinkel von 0,86 Bogensekunden erhielt, nämlich genau den Wert, um den nach der klassischen Newtonschen Theorie ein mit Lichtgeschwindigkeit fliegender Körper gleich welcher Masse abgelenkt würde. (Nach der elektromagnetischen Theorie des Lichts gibt es keinerlei Ablenkung.)

5.4 Raumkrümmung. Feldgleichungen

Zur Beschreibung eines homogenen, also überall gleichen Gravitationsfeldes genügt ein überall gleich beschleunigtes Bezugssystem. Ein homogenes Feld existiert aber nur näherungsweise in kleinen Raumbereichen, etwa in einem Labor. Über große Abstände betrachtet, ist aber das Feld (etwa der Erde oder der Sonne) von Ort zu Ort verschieden und damit auch die ihm äquivalente Beschleunigung. Die somit notwendige ortsabhängige Transformation führt zu einer *Raumkrümmung*, für die Einstein später ein einfaches Beispiel gab: Ein Kreis in einer Ebene hat einen Durchmesser der Länge d und einen Umfang der Länge $u = \pi d$. Man denke sich Durchmesser und Umfang in kleine Teilstücke zerlegt und betrachte den Kreis in einem Bezugssystem, das gleichförmig um den Mittelpunkt des Kreises rotiert. Dort erscheinen die Teilstücke des Umfangs, nicht aber die des Durchmessers, durch Längenkontraktion verkürzt. Der Umfang ist kleiner als πd; die Kreisfläche ist gekrümmt.

Nach Zürich zurückgekehrt, erfuhr Einstein von seinem Studienfreund Grossmann, der Mathematikprofessor an der ETH geworden war, dass die Mathematik der Beschreibung gekrümmter Räume im 19. Jahrhundert von Gauß und Riemann begründet und von anderen weiter ausgearbeitet worden war. In Zürich begannen Einstein und Grossmann, sie mit der des vierdimensionalen Minkowski-Raums der speziellen Relativitätstheorie zu verknüpfen. In Berlin setzte Einstein diese Arbeit allein fort.

Ein gekrümmter Raum mit nur zwei Dimensionen ist die Oberfläche einer Kugel. Auf ihr sind die Koordinatenlinien keine Geraden, sondern etwa Längen- und Breitenkreise. In einer kleinen Umgebung eines Punktes genügt es aber oft, die Koordinatenlinien als gerade und die Fläche als eben anzusehen, also statt der Kugelfläche eine sie berührende Ebene zu betrachten.

Wie in diesem Beispiel treten in der allgemeinen Relativitätstheorie gewöhnlich zwei Bezugssysteme auf. Das erste ist ein schwerefreier, gekrümmter *Riemannscher Raum*, der wie der Minkowski-Raum vier Dimensionen hat und der die *Raumzeit* genannt wird. Das zweite ist ein lokaler Minkowski-Raum, der in der Umgebung eines Raumzeit-Punktes mit dem ersten zusammenfällt; in ihm gilt die spezielle Relativitätstheorie. (Ein Beispiel für dieses lokale System ist ein Satellit, der gegenüber der Erde beschleunigt ist, für dessen Besatzung

Einstein in seiner Berliner Wohnung

aber die gewohnten Gesetze der Physik ohne Schwerkraft gelten.) Im lokalen Bezugssystem bewegt sich ein Körper geradeaus, in der Raumzeit auf einer *geodätischen Linie*, sozusagen «so geradeaus wie dort möglich». (Geodätische Linien auf der Kugelfläche sind solche Kreise, deren Mittelpunkt auch der der Kugel ist.) In dieser Beschreibung wird die Schwerkraft durch die Krümmungseigenschaften der Raumzeit ersetzt, formaler ausgedrückt durch eine vom Ort abhängende *Metrik*. Erinnern wir uns aus Abschnitt 4.8 an die Berechnung des Viererabstandes Δs im Minkowski-Raum aus den Differenzen der einzelnen Koordinaten. Für das Quadrat des Abstandes gilt dort $(\Delta s)^2 = c^2(\Delta t)^2 - (\Delta x)^2 - (\Delta y)^2 - (\Delta z)^2$. Die Vorzeichen der vier Glieder auf der rechten Seite kennzeichnen die Minkowski-Metrik, die durch vier Zahlen $(+1, -1, -1, -1)$ gegeben ist. In der Raumzeit treten im Abstandsquadrat zweier benachbarter Punkte 16 Glieder auf, weil auch Produkte von Koordinatendifferenzen entsprechend $\Delta x \, \Delta y$ vorkommen. Damit besteht die

Metrik aus 16 Zahlen (wovon nur 10 verschieden sind), die noch dazu vom Ort abhängen. In seinen *Feldgleichungen* gelang es Einstein Ende 1915, den mathematischen Zusammenhang zwischen der die Gravitation bewirkenden Massenverteilung und der Metrik zu finden. Der Inhalt dieses Abschnitts wird manchmal so zusammengefasst: *Raumkrümmung bewirkt Bewegung von Materie; im Gegenzug bewirkt Materie die Krümmung des Raumes.*

Die Feldgleichungen sind mathematisch kompliziert. Lösungen ohne großen Computeraufwand findet man nur für einfache Fälle, z. B. für einen einzelnen Stern. Für diesen Fall berechnete Einstein die Bewegung von Licht und von Planeten unter dem Einfluss der Sonne und erhielt drei Ergebnisse, die seine Theorie von der klassischen unterscheiden: 1. die Rotverschiebung, für die der in Prag gefundene Wert gültig blieb, 2. die Lichtablenkung am Sonnenrand mit einem Winkel von 1,7 Bogensekunden, dem doppelten des Prager Wertes, und 3. eine zeitliche Veränderung der Planetenbahnen, die *Perihel-Drehung.*

Nach den von Kepler aufgestellten und von Newton theoretisch abgeleiteten Gesetzen bewegt sich jeder Planet auf einer unveränderlichen Ellipsenbahn, deren sonnennächster Punkt Perihel heißt. Nach Einstein dreht sich die Ellipse und damit das Perihel langsam um die Sonne. Am größten ist der Effekt für den der Sonne nächsten Planeten, den Merkur. Den Astronomen war ein solches Verhalten für den Merkur seit 1859 bekannt. Die 1883 genau gemessene Perihel-Drehung von 43 Bogensekunden pro Jahrhundert blieb aber unerklärlich, bis Einstein genau diesen Wert fand. Anfang 1916 schrieb er darüber an Ehrenfest: «Für einige Tage war ich außer mir vor freudiger Erregung.»

5.5 Die Ablenkung des Sternenlichts

Bei einer totalen Sonnenfinsternis können auch Sterne beobachtet und fotografiert werden, die scheinbar dicht neben der Sonne stehen. Der Vergleich einer solchen Fotografie mit einer zweiten, die nachts vom gleichen Himmelsabschnitt gemacht wurde, erlaubt den Nachweis der Lichtablenkung. Britische Astronomen um Dyson und Eddington planten bereits 1917 solche Beobachtungen in Afrika und Südamerika für die Sonnenfinsternis, die am 29. März 1919 eintrat. Es gelang ihnen, sieben Sterne nahe der Sonne zu beobachten und die von Einstein vorhergesagte Lichtablenkung um 1,7 Bogensekunden zu bestätigen. Thomson, seinerzeit als Präsident der Royal Society einer der Nachfolger Newtons, nannte diesen Befund in der Sitzung, auf der er mitgeteilt wurde, «das wichtigste Ergebnis bezüglich der Theorie der Schwerkraft seit Newtons Tagen». Die Berichte über die britischen Expeditionen, die eine während des Krieges in Deutschland publizierte Theorie bestätigten, erregten weltweit Aufsehen und Sympathie und trugen erheblich zu Einsteins außergewöhnlichem öffentlichen Ansehen bei. Die «Berliner Illustrirte Zeitung» vom 14. Dezember 1919 wählte Einsteins Porträt als Titelbild mit der Unterschrift: «Eine neue Größe der Weltgeschichte: Albert Einstein, dessen Forschungen eine völlige Umwälzung unserer Naturbetrachtung bedeuten und den Erkenntnissen eines Kopernikus, Kepler und Newton gleichwertig sind».

6 Quantenmechanik

Die frühe Quantentheorie (Kapitel 3) war eine kunstvolle Konstruktion aus klassischer Physik und Quantenbedingungen, keine in sich geschlossene und aus sich heraus überzeugende Theorie. Born nannte diese wünschenswerte Theorie 1924 die *Quantenmechanik*. Sie entstand 1925 und 1926, und zwar gleich mehrfach, gekleidet in verschiedene mathematische Formen.

6.1 Heisenbergs Matrix-Mechanik

Heisenberg war nach seiner Promotion bei Sommerfeld als Assistent zu Born nach Göttingen gegangen und von dort zu Bohr, der Kopenhagen zu einem Anziehungspunkt für junge Theoretiker aus aller Welt gemacht hatte. Für Bohr standen nicht mathematische Feinheiten, sondern sehr allgemeine Überlegungen im Vordergrund, besonders sein *Korrespondenzprinzip*; es besagt, dass die Quantentheorie die klassische Physik als Grenzfall enthalten muss. Ein Beispiel hatte er schon 1913 angegeben: Das Elektron auf einer weit außen liegenden Bohrschen Bahn (große Hauptquantenzahl n) ähnelt einem klassischen harmonischen Oszillator oder der Antenne eines Senders. Beim Übergang $n \to n - 1$ zur nächstniedrigen Bahn ist die Frequenz der abgegebenen Strahlung praktisch gleich der Umlauffrequenz des Elektrons. Das ist für den allgemeinen Übergang $m \to n$ anders (Abschnitt 3.4); hier hängt die Frequenz ω_{mn} der Strahlung nur von der Differenz der Energien ab und nicht vom Ort eines kreisenden Elektrons. In Kopenhagen arbeitete Heisenberg an einer Theorie mit, in der sich hinter jeder dieser Frequenzen ω_{mn} ein «virtueller Oszillator» verbarg.

Heisenberg

Zurück in Göttingen, gründete Heisenberg eine neue «quantentheoretische Mechanik» auf eine «Verschärfung des Korrespondenzprinzips»; auch dem Ort eines virtuellen Oszillators sollte eine zeitabhängige Größe x_{mn} entsprechen, und die «Gesamtheit der Größen» x_{mn} sollte an die Stelle des Ortes x der klassischen Mechanik treten. Für das Produkt zweier solcher Gesamtheiten erschien ihm die Summe (erstreckt über alle Werte von j) der Ausdrücke $x_{mj} y_{jn}$ als die «einfachste und natürlichste Annahme». Heisenberg fand, dass er Größen wie Ort und Impuls nur diese neuen mathematischen Eigenschaften geben musste, im Übrigen aber die Beziehungen der klassischen Mechanik beibehalten konnte.

Born bemerkte schnell, dass Heisenbergs Gesamtheiten in der Mathematik als Matrizen bekannt waren, Anordnungen aus endlich oder sogar unendlich vielen Größen. Zu den Rechenregeln für Matrizen gehört, dass ein Produkt von der Reihenfolge seiner Faktoren abhängt. Schreibt man die Heisenbergschen Matrizen von Ort und Impuls als x bzw. p, so gilt für den Ausdruck $px - xp$ (heute *Kommutator* genannt) eine *Vertauschungsregel*: Er ist nicht gleich null, sondern von der Größenordnung der Planckschen Konstante. Auch sind die Elemente dieser Matrizen komplex; sie sind jeweils durch zwei (statt nur eine) gewöhnliche (reelle) Zahl gekennzeichnet. Zusammen mit Jordan, einem jungen Mitarbeiter, arbeitete Born die bald Matrix-Mechanik genannte Theorie ein Stück weit mathematisch aus, während Heisenberg erst in Cambridge und dann in Kopenhagen war. Nach dessen Rückkehr wurde sie in der «Dreimännerarbeit» von Heisenberg, Born und Jordan vollendet. Man kann sie kurz so beschreiben: Die klassische Mechanik, gewöhnlich zusammengefasst in der Newtonschen Gleichung «Kraft gleich Masse mal Beschleunigung», kann mathematisch umgeformt werden, z. B. in die sogenannten *Hamilton-Gleichungen*. Werden die darin vorkommenden Größen als Matrizen gedeutet, deren Rechenregeln und die Vertauschungsregel für Ort und Impuls beachtet, so erhält man die *Heisenberg-Gleichungen*. Von den Fachleuten akzeptiert war die Theorie spätestens, als Pauli Ende 1925 damit das Energiespektrum des Wasserstoffatoms berechnen konnte. Wie seinerzeit Bohr erhielt er die Balmer-Formel. Unterschiede zum Bohrschen Modell zeigten sich beim Bahndrehimpuls. So hat das Elektron des Wasserstoffatoms im Grundzustand ($n = 1$) keinen Bahndrehimpuls.

Bevor die «Dreimännerarbeit» Anfang 1926 gedruckt war, erschien eine Veröffentlichung ähnlichen Inhalts von Dirac, einem jungen Doktoranden aus Cambridge. Heisenberg hatte dessen Betreuer einen Korrekturabzug seiner ersten Arbeit geschickt. Insbesondere die Vertauschungsregel interessierte Dirac. Er fand eine von Jacobi stammende Formulierung der klassischen Mechanik, in der nichtvertauschende Größen auftreten, und entwickelte eine Algebra, d. h. einen Satz von Rechenregeln, für solche Größen. Diese, von Dirac *q-Zahlen* genannt, waren nicht genauer spezifiziert, brauchten also nicht Matrizen zu sein, mussten aber eine Vertauschungsregel erfüllen, in der die Plancksche Konstante vorkommt.

6.2 Schrödingers Wellenmechanik

Ein Lichtquant der Frequenz ν hat die Energie $E = h\nu$ und den Impuls $p = E/c$ und damit, weil die Lichtgeschwindigkeit $c = \nu\lambda$ das Produkt aus Frequenz und Wellenlänge ist, die Wellenlänge $\lambda = h/p$. Dieser Zusammenhang zwischen Wellenlänge, Impuls und Planckschem Wirkungsquantum h war spätestens 1923 mit der Entdeckung des Compton-Effekts (Abschnitt 3.3) bekannt. Im gleichen Jahr postulierte de Broglie in Paris die Gültigkeit derselben Formeln für Teilchen mit Ruhmasse, denen er damit Welleneigenschaften zumaß.

Schrödinger griff de Broglies Idee Ende 1925 auf. Er hatte in Wien studiert und war dort Assistent und Privatdozent gewesen. Nach kurzen Stationen in Jena, Stuttgart und Breslau war er seit 1921 Professor in Zürich. Er betrachtete eine *Wellengleichung*, wie sie z. B. eine Licht- oder Schallwelle beschreibt. Darin treten neben Ort und Zeit auch Frequenz und Wellenlänge auf, für die er nun – de Broglie folgend – Größen setzen konnte, die Energie und Impuls eines Teilchens entsprachen. Zusätzlich konnte er eine etwa auf das Teilchen wirkende Kraft berücksichtigen. Das Ergebnis hieß bald die *Schrödinger-Gleichung*. Mathematisch hat sie die Form einer Differentialgleichung. Ihre Lösungen heißen *Wellenfunktionen*. Für diese gilt das *Superpositionsprinzip*, das man aus der klassischen Physik für Schall- oder Lichtwellen kannte: Überlagerungen verschiedener Wellenfunktionen sind wieder Lösungen der Wellengleichung.

Schrödinger schrieb 1926 insgesamt sechs Arbeiten zu seiner *Wellenmechanik*, die in ihrer vertrauten mathematischen Ausdrucksweise rasch akzeptiert und allgemein der Matrix-Mechanik vorgezogen wurde. Eine Arbeit trägt den Titel «Über das Verhältnis der Heisenberg-Born-Jordanschen Quantenmechanik zu der meinen». Darin zeigt er, dass beide Theorien, obwohl ganz verschieden formuliert, «von einem formal mathematischen Standpunkt» aus betrachtet, identisch sind. Entscheidend sind die Vertauschungsregeln, die in beiden vorkommen: In der Wellenmechanik werden physikalische Größen durch Differentialoperatoren beschrieben, die auf die Wellenfunktion angewandt werden. Die Bedeutung von zwei hintereinandergeschriebenen Operatoren hängt von deren Reihenfolge ab, genau wie das Produkt zweier Matrizen von der Reihenfolge der Faktoren.

6.3 Borns Wahrscheinlichkeitsinterpretation

Die genaue Bedeutung von Schrödingers Wellenfunktion blieb zunächst unklar. In Zürich freute man sich im Sommer 1926 über den Vers: *Gar Manches rechnet Erwin schon / Mit seiner Wellenfunktion / Nur wissen möcht' man gerne wohl / Was man dabei sich vorstell'n soll.*

Schrödinger hoffte, dass die räumliche Ausdehnung der Wellenfunktion etwas mit der Ausdehnung des Teilchens zu tun habe, und nannte sie – in Anführungsstrichen – die «Dicke des Massenpunktes». Als Beispiel gab er die Wellenfunktion eines Teilchens an, das um einen festen Punkt herumschwingt wie der Körper eines Pendels und von der er fand: Sie «hält dauernd zusammen». Das gilt jedoch im Allgemeinen nicht; schon für den einfachsten Fall eines Teilchens, auf das keinerlei Kraft wirkt, mag die Wellenfunktion zwar anfänglich auf einen kleinen Raumbereich konzentriert sein, läuft aber von da an unaufhörlich auseinander.

Noch 1926 wandte Born die Wellenmechanik auf das Problem der Streuung an, wie es zum Beispiel Rutherford mit klassischen Methoden behandelt hatte (Abschnitt 2.6). Er fand zwar eine Wellenfunktion für das gestreute Teilchen, die vom Streuwinkel abhing, aber keine Antwort auf die Frage nach einem konkreten Streuwinkel im Einzelfall. Er schloss, die Quantenmechanik beschreibe nicht den Einzelfall, sondern nur die Wahrscheinlichkeit seines Eintretens.

Born

Angewandt etwa auf das Wasserstoffatom, erhält man die Wahrscheinlichkeit dafür, dessen Elektron an einem bestimmten Ort zu finden. Nicht das Elektron selbst ist ausgedehnt, sondern die es beschreibende Wellenfunktion. Ihr Absolutquadrat, eine stets positive Größe, die aus der komplexen Wellenfunktion gebildet wird, ist eine *Wahrscheinlichkeitsdichte*. Genommen an einem festen Punkt und multipliziert mit einem kleinen Volumen, ergibt sie die Wahrscheinlichkeit dafür, dass es sich in diesem, den Punkt umgebenden Volumen aufhält. Für den Grundzustand ($n = 1$) ist die Wahrscheinlichkeitsdichte kugelsymmetrisch; das Atom ist damit «rund» und nicht «flach» wie im Bohrschen Modell mit dessen Kreisbahn.

Die Quantenmechanik wirft grundsätzliche Fragen auf wie die der Kausalität, nach der eine vorgegebene Ursache zu einer genau festgelegten Wirkung führt. Dieser Zusammenhang besteht offenbar im Einzelfall nicht. Born schrieb dazu: «Die Bewegung der Partikeln folgt Wahrscheinlichkeitsgesetzen, die Wahrscheinlichkeit selbst aber breitet sich im Einklang mit dem Kausalgesetz aus, d. h. so, dass die Kenntnis des Zustandes [der Wellenfunktion] in allen Punkten in einem Augenblick die Verteilung des Zustandes zu allen späteren Zeiten festlegt.»

6.4 Die Heisenbergsche Unschärferelation

Die Interpretation der noch jungen Quantenmechanik wurde auch in Kopenhagen intensiv diskutiert, besonders leidenschaftlich zwischen Bohr und Heisenberg, der inzwischen dort Dozent war. Ihr Ziel war es, wie Heisenberg später schrieb, «den Zusammenhang zwischen Mathematik und Experiment widerspruchsfrei auszudrücken». Er zeigte im März 1927, dass die Angaben von Ort x und Impuls p jedes Objekts notwendig mit Ungenauigkeiten Δx bzw. Δp behaftet sind und dass das Produkt aus beiden etwa gleich dem Planckschen Wirkungsquantum ist; es gilt die *Unschärferelation* $\Delta x \, \Delta p \approx h$. Zur anschaulichen Erläuterung diskutierte er die Wirkungsweise eines Mikroskops, das mit γ-Strahlung, also mit Lichtquanten kurzer Wellenlänge λ, arbeitet. Damit kann man den Ort eines Elektrons mit einer Genauigkeit beobachten, die im besten Fall etwa gleich der Wellenlänge ist, $\Delta x \approx \lambda$. Die Messung erfordert den

Zusammenstoß zwischen Lichtquant mit dem Impuls $p_\gamma = h/\lambda$ und Elektron. Dadurch verändert sich dessen Impuls um etwa $\Delta p \approx p_\gamma$. Insgesamt gilt also $\Delta x \, \Delta p \approx h$. Eine ähnliche Beziehung gilt für die Ungenauigkeiten bei der gemeinsamen Bestimmung von Energie E und Zeit t. Sie lautet $\Delta E \, \Delta t \approx h$.

Zusammenfassend schrieb Heisenberg: «Aber an der scharfen Formulierung des Kausalgesetzes: ‹Wenn wir die Gegenwart genau kennen, können wir die Zukunft berechnen›, ist nicht der Nachsatz, sondern die Voraussetzung falsch. Wir können die Gegenwart in allen Bestimmungsstücken prinzipiell nicht kennenlernen. Deshalb ist alles Wahrnehmen eine Auswahl aus einer Fülle von Möglichkeiten und eine Beschränkung des zukünftig Möglichen. Da nun der statistische Charakter der Quantentheorie so eng an die Ungenauigkeit aller Wahrnehmung geknüpft ist, könnte man zu der Vermutung verleitet werden, dass sich hinter der wahrgenommenen statistischen Welt noch eine ‹wirkliche› Welt verberge, in der das Kausalgesetz gilt. Aber solche Spekulationen erscheinen uns, das betonen wir ausdrücklich, unfruchtbar und sinnlos.»

6.5 Symmetrien in Systemen mehrerer Teilchen

In der Quantenmechanik werden mehrere Teilchen durch eine *gemeinsame Wellenfunktion* beschrieben, die von den Koordinaten und anderen Kenngrößen wie dem Spin aller Teilchen abhängt. Bei einem System identischer Teilchen muss sie bestimmte Symmetrien erfüllen, wenn in ihr die Kenngrößen von Teilchen ausgetauscht werden. Die Art der Symmetrie hängt davon ab, ob die Teilchen Fermionen oder Bosonen sind. Durch diese 1926 zuerst von Dirac (und unabhängig von Heisenberg) angestellten Überlegungen wird Fermis bzw. Boses Statistik in die Quantenmechanik eingeführt. Die Symmetrieforderung verändert die Wellenfunktion und wirkt scheinbar wie eine zusätzliche Kraft zwischen den Teilchen. Man spricht auch von *Austauschkraft*. Tatsächlich ist aber keine neue Kraft am Werk, sondern der Unterschied zwischen klassischer Mechanik und Quantenmechanik wird an dieser Stelle besonders augenfällig. Unter

Beachtung dieser Symmetrie konnte Heisenberg 1926 erstmals das Spektrum des Heliumatoms mit seinen zwei Elektronen berechnen und 1928 damit den Ferromagnetismus erklären (Abschnitt 11.3).

6.6 Dirac-Gleichung. Antiteilchen

Es war zunächst schwierig, den Spin des Elektrons in die Quantenmechanik einzufügen. Doch Pauli gelang es 1927, die «klassisch nicht beschreibbare Zweideutigkeit» des Spins mit einem besonderen Matrix-Formalismus zu erfassen. Das Elektron wird durch einen sogenannten *Spinor* mit zwei Elementen beschrieben, die selbst Wellenfunktionen sind (je eine für die beiden möglichen Einstellungen des Spins). Die beiden Wellenfunktionen ergeben sich als Lösungen der *Pauli-Gleichungen*, eines Systems aus zwei gekoppelten Schrödinger-Gleichungen.

Schrödinger hatte für die Verknüpfung von Energie, Impuls und Masse in seiner Gleichung die Gesetze der Newtonschen Mechanik benutzt. Dadurch ergab sich eine verschiedene Behandlung von Orts- und Zeitkoordinaten. Als Differentialgleichung ist sie von erster Ordnung in der Zeit und von zweiter im Ort. Die entsprechende relativistische Gleichung, von zweiter Ordnung in Ort und Zeit, fand wenig Beachtung. Di-

Dirac

rac untersuchte 1928 eine relativistische Gleichung von erster Ordnung in Ort und Zeit und fand, dass sie für Spinoren mit vier Komponenten gilt. Diese beschreiben vier Situationen für ein Elektron der Masse m, davon zwei (entsprechend den Spin-Einstellungen) mit positiver Gesamtenergie, $E > mc^2$. Die beiden anderen zeigten eine negative Gesamtenergie, $E < -mc^2$.

Die *Dirac-Gleichung* war einerseits ein großer Erfolg, denn sie beschrieb den Spin des Elektrons einschließlich des g-Faktors des Elektrons (Abschnitt 3.7), den Pauli noch «von Hand» hatte einfügen müssen. Andererseits waren die Zustände negativer Energie ein Rätsel. Nach zwei Jahren schließlich postulierte Dirac, dass die (unendlich vielen) Zustände negativer Energie im Sinne des Pauli-Prinzips alle mit Elektronen besetzt seien, die sich aber nicht bemerkbar machten. Würde aber mehr Energie als $2mc^2$ aufgewandt, so könne eines dieser Elektronen positive Energie erlangen. Es hinterließe ein *Loch* in der später so genannten *Dirac-See*. Dieses, ein fehlendes Elektron, verhielte sich wie ein elektrisch positiv geladenes Teilchen. Dirac nannte es 1931 ein *Anti-Elektron*.

Ein solches Teilchen, bald *Positron* genannt, wurde 1932 von Anderson in Pasadena entdeckt. In einer Nebelkammer beobachtete er die Spur eines Teilchens mit den Eigenschaften des Elektrons, jedoch mit positiver statt negativer Ladung. Die notwendige Energie zur Erzeugung eines Teilchen-Loch-Paares, oder besser für die *Paarbildung* eines Elektrons und eines Positrons, entstammte der *Höhenstrahlung* (oder *kosmischen Strahlung*), die uns aus dem Weltall erreicht.

Nach gegenwärtigem Verständnis gehört zu jeder Art von Teilchen ein *Antiteilchen* mit gleicher Masse und gleichem Spin, das aber die umgekehrte Ladung und ggf. weitere umgekehrte «ladungsartige» Quantenzahlen trägt. In manchen Fällen, wie etwa bei dem ungeladenen Lichtquant, sind Teilchen und Antiteilchen identisch.

6.7 Quanten-Elektrodynamik. Feynman-Diagramme

In der bisher besprochenen Quantenmechanik wurden Teilchen mit Ruhmasse wie dem Elektron, nicht aber dem elektromagnetischen Feld Quanteneigenschaften zugeschrieben. Als *Quanten-Elektrodynamik*, kurz QED, wird eine Theorie bezeichnet, die beide konsistent behandelt. Viele theoretische Physiker hatten teil an ihrer Entwicklung, von der wir nur wenige Aspekte erwähnen können. Ihre Vollendung, in äußerlich verschiedenen Formen, gelang 1949 in den USA Feynman an der Cornell-Universität und Schwinger an der Harvard-Universität. Frühere Arbeiten von Tomonaga in Tokio, die Schwingers Theorie ähneln, waren zunächst unbeachtet geblieben.

Problematisch war das Auftreten unendlicher Größen. Schon das klassische elektrische Feld einer punktförmigen Ladung enthielt unendlich viel Energie. Lorentz hatte deshalb einen endlichen Radius für das Elektron definiert. Nun wurde das Problem durch *Renormierung* gelöst. Für die Ladung des Elektrons bedeutet das, nicht den Wert zu nehmen, den ein völlig isoliert gedachtes Elektron besitzt, sondern jenen, der im Experiment festgestellt wird. In der direkten Nähe der Ladung, wo das Feld besonders hoch ist, treten «virtuelle» Elektron-Positron-Paare auf, deren Existenz nach der Unschärferelation $\Delta E\, \Delta t \approx h$ für sehr kurze Zeiten möglich ist. Dadurch erhält der Raum um das Elektron eine Ladungsverteilung (man spricht von *Vakuumpolarisation*). Sie bewirkt, dass der Betrag der Ladung des Elektrons verringert erscheint (man spricht von *Abschirmung*), und zwar umso mehr, je weiter entfernt eine zweite, der Messung dienende Ladung ist. In relativistischer Beschreibung benutzt man anstelle dieses Abstandes eine Invariante, das Quadrat q^2 des bei der Annäherung der beiden Ladungen von der einen auf die andere übertragenen Viererimpulses.

Feynman

Von besonderer Bedeutung ist die gleichartige Behandlung von Teilchen und Antiteilchen – ganz ohne Dirac-See. In den Formeln der QED treten physikalische Größen in Produkten auf: Energie mal Zeit, Ladung mal Viererimpuls. Ist ein Produkt negativ, so kann das Minuszeichen dem einen oder dem anderen Faktor zugeschrieben werden. So können Elektronen negativer Energie zunächst als solche mit positiver Energie gesehen werden, die in der Zeit zurücklaufen, und diese schließlich als Positronen mit gewöhnlichem Zeitverhalten, aber umgekehrtem Impuls, also umgekehrter Flugrichtung. Die zeitliche Bewegung eines Teilchens im Raum wird durch eine Linie im vierdimensionalen Minkowski-Raum beschrieben, die Minkowski selbst *Weltlinie* nannte. Feynman benutzte Weltlinien in einer Ebene (eine Orts-, eine Zeitkoordinate) als Kurzschrift für die Formeln der QED. Ein Feynman-Diagramm besteht aus drei Arten von Elementen: 1. *äußeren Linien*, die die Teilchen des Anfangs- und des Endzustandes kennzeichnen, 2. *Propagatoren*, innere Linien für Austauschteilchen, die nur kurzzeitig auftreten und weder im Anfangs- noch im Endzustand vorhanden sind, 3. *Vertizes*, Verknüpfungspunkte von Linien. Jedem Element eines Diagramms entspricht ein wohldefinierter Faktor; alle miteinander multipliziert, ergeben eine *Amplitude*. Können mehrere Diagramme zu einem Prozess beitragen, d. h., haben sie die gleichen äußeren Linien, so werden die Amplituden addiert. Mit dem Absolutquadrat der Gesamtamplitude lassen sich dann alle im Experiment messbaren Größen berechnen. Für jedes Diagramm als Ganzes und an jedem Vertex gelten die Erhaltungssätze von Energie und Impuls. Die Folge ist, dass für einen Propagator die aus Energie und Impuls berechnete Masse M nicht gleich der Ruhmasse m des Austauschteilchens ist. Das erlaubt die Unschärferelation, weil das Austauschteilchen nur kurze Zeit existiert; es wird deshalb auch als *virtuell* bezeichnet. Der numerische Beitrag des Propagators ist umso kleiner, je verschiedener M^2 und m^2 sind. Die numerischen Werte der Vertexfaktoren werden durch e^2, das Quadrat der Elementarladung, bestimmt. Nach Division durch die Naturkonstanten $\hbar$ und c ergibt sich daraus ein reiner Zahlwert $\alpha = e^2/\hbar c \approx 1/137$, die *elektromagnetische Kopplungskonstante* oder *Feinstrukturkonstante*. Wegen der oben erwähnten Abschirmung hängt der genaue Wert vom Viererimpulsübertrag q^2 am Vertex ab; er nimmt mit wachsendem q^2 zu. Man spricht von einer *gleitenden* Kopplungskonstante.

Als Beispiel betrachten wir die Streuung eines Positrons an einem Elektron, $e^+ + e^- \rightarrow e^+ + e^-$. Zur Rechnung tragen wesentlich zwei Diagramme bei. In einem bleiben die geladenen Teilchen dauernd erhalten, tauschen aber ein Photon aus. Dieses ist das oben erwähnte Austauschteilchen. Im anderen *annihilieren* sie zu einem Photon, das dann ein neues Paar bildet. Diese Diagramme haben nur zwei Vertizes; sie sind von *niedrigster Ordnung*. Es gibt weitere Diagramme von höherer Ordnung mit mehr inneren Linien und entsprechend mehr Vertizes. Sie

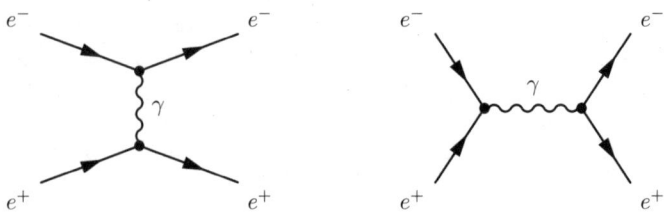

Feynman-Diagramme zur Streuung eines Positrons an einem Elektron

sind durch höhere Potenzen von α bestimmt und tragen deutlich weniger bei. Durch Mitnahme von immer höheren Ordnungen kann man die Genauigkeit der Rechnung schrittweise steigern. Dieses Verfahren der *Störungsrechnung* ist möglich, weil die Kopplungskonstante α klein im Vergleich zu 1 ist.

Mit der QED lassen sich Abweichungen von Diracs relativistischer Quantenmechanik erklären, die 1947 in Experimenten aufgedeckt worden waren. So ist der g-Faktor des Elektrons nicht exakt gleich 2, sondern um etwas mehr als ein zehntel Prozent größer. Von Dehmelt und Mitarbeitern wurde die Abweichung 1987 mit einer Genauigkeit von ca. 4 Milliardstel gemessen. Innerhalb dieses winzigen Fehlers liefert die QED den gleichen Wert; sie ist damit die am genauesten überprufte Theorie.

7 Kernphysik – neue Teilchen und neue Kräfte

7.1 Kernreaktionen. Teilchenbeschleuniger

Im Experiment von Geiger und Marsden (Abschnitt 2.6) fand die Streuung von α-Teilchen an schweren Atomkernen mit entsprechend hoher elektrischer Ladung statt. Die α-Teilchen wurden im elektrischen Feld des Kerns gemäß der Rutherfordschen Theorie abgelenkt. Ab 1917 untersuchte Rutherford die Streuung an leichten Atomkernen und fand 1919, dass beim Stoß mit Stickstoffkernen Protonen hoher Energie auftreten. In diesem Fall konnte manchmal ein α-Teilchen die elektrische Abstoßung des Kerns überwinden und eine *Kernreaktion* herbeiführen. Eines der Reaktionsprodukte war das beobachtete Proton. Rutherford wurde 1919 Nachfolger Thomsons in Cambridge. Sein Schüler Blackett konnte dort 1932 die Reaktion mit einer Nebelkammer genau untersuchen und zeigen, dass durch Verschmelzung des α-Teilchens, das ja ein Heliumkern (He) ist, mit einem Stickstoffkern (N) ein Sauerstoffkern (O) und ein Proton entstehen, das seinerseits ein Wasserstoffkern (H) ist, $^4He + {}^{14}N \rightarrow {}^{17}O + {}^1H$. Rutherford, der schon die Umwandlung von Elementen in andere aufgrund ihrer Radioaktivität entdeckt hatte, begründete so auch die planbare Umwandlung von Atomkernen im Labor.

Da Energie und Intensität der natürlichen α-Strahlung begrenzt sind, förderte Rutherford die künstliche Beschleunigung von geladenen Teilchen. In Cambridge bauten Cockcroft und Walton 1932 ein Gerät, das mittels einer hohen Gleichspannung Protonen auf Energien bis zu 800 keV beschleunigte. Obwohl diese Energie kleiner als die von α-Teilchen war, reichte sie aus, um beim Beschuss von Lithium zwei α-Teilchen zu erzeugen, $^1H + {}^7Li \rightarrow {}^4He + {}^4He$. Die beiden α-Teilchen tragen zusammen eine kinetische Energie von ca. 16 MeV; es wird mehr Energie frei, als aufgewandt werden muss, weil die Gesamtmasse der beiden Ausgangskerne größer ist als die der beiden α-Teilchen des Endzustandes.

Wirklich hohe Energien können nur mit einem elektrischen Wechselfeld erreicht werden, das die Teilchen viele Male «phasenrichtig» durchlaufen, das bedeutet immer dann, wenn es sie beschleunigt, und von dem sie abgeschirmt sind, wenn es sie abbremsen würde. In Berkeley entwarf Lawrence mit seinem *Zyklotron* einen solchen Beschleuniger und baute den ersten 1931 gemeinsam mit seinem Doktoranden Livingston. Mit immer größeren Maschinen machte er Berkeley für zwei Jahrzehnte zum Zentrum der Kernphysik mit Beschleunigern. Zyklotrons liefern Teilchen mit Energien von einigen hundert MeV.

Sie wurden von Geräten anderer Bauart abgelöst, die aber alle nach dem Prinzip der *Resonanzbeschleunigung* arbeiten, der phasenrichtigen Ausnutzung von Wechselfeldern. Gegenwärtige Beschleuniger erreichen Energien von mehreren TeV, also mehreren Millionen MeV.

7.2 Künstliche Radioaktivität

Auch in Marie Curies Institut in Paris wurden Kernreaktionen studiert, insbesondere von ihrer Tochter Irène Curie und deren Mann Frédéric Joliot. Sie bestrahlten Aluminium mit α-Teilchen und benutzten einen Geiger-Müller-Zähler zum Nachweis der in der Reaktion auftretenden geladenen Teilchen. Anfang 1934 stellten sie verblüfft fest, dass der Zähler auch dann noch Signale anzeigte, wenn keine α-Teilchen mehr auf das Aluminium trafen: Das Aluminium war durch die Bestrahlung radioaktiv geworden. Unter dem Beschuss mit α-Teilchen hatte sich ein in der Natur nicht vorkommendes Isotop des Phosphors gebildet, das mit einer Halbwertszeit von etwas mehr als 3 Minuten unter Emission eines Positrons in ein Silizium-Isotop zerfällt. Bis dahin kannte man radioaktive, also instabile Isotope nur für die schweren Elementen am Ende des Periodensystems. Nun zeigte sich, dass sich neue Isotope auch anderer Elemente erzeugen ließen.

7.3 Das Neutron

Bis 1932 waren nur zwei elementare Teilchen mit Ruhmasse bekannt, das Elektron und das Proton. Da für alle Kerne (außer dem des Wasserstoffs) die Kernladungszahl Z kleiner ist als die Massenzahl A, dachte man sich den Kern aus A Protonen und zusätzlichen $A - Z$ Elektronen aufgebaut, die die Masse kaum beeinflussten, aber die Ladung auf den richtigen Wert brachten. Zwar hatte Rutherford 1920 in einem Vortrag über ein neutrales Teilchen spekuliert, das eine enge Verbindung aus Proton und Elektron sein sollte und das er wenig später das *Neutron* nannte, doch wurde nur in Cambridge aktiv (aber erfolglos) nach dessen Existenz gesucht. (Auch die Bezeichnung *Proton* geht auf Rutherford zurück.)

Im Juni 1930 fanden Bothe und Becker in Berlin beim Beschuss von Beryllium durch α-Teilchen mit einem Geigerzähler als Nachweisgerät eine ungewöhnliche Strahlung. Sie war durchdringender als γ-Strahlung und wurde auch von Blei kaum absorbiert. Bothe und Becker hielten sie für eine neue, besonders «harte» γ-Strahlung. Anfang 1932 berichtete das Ehepaar Joliot-Curie über seine Untersuchung der neuen Strahlung. Es fand, dass sie beim Auftreffen auf wasserstoffhaltiges Material Protonen aus diesem herausschlug. Die Joliot-Curies nahmen an, dass ein γ-Quant hoher Energie beim Stoß mit einem Proton auf dieses einen erheblichen Impuls übertrüge. Dazu musste es eine Energie von etwa 50 MeV haben, sehr viel mehr als im Rahmen der Radioaktivität bekannt.

Chadwick hatte bei Rutherford in Manchester studiert und war 1914 zu Geiger nach Berlin gegangen, wo er die Kriegsjahre bis 1918 in einem Internierungslager verbrachte. Von 1919 an arbeitete er in Cambridge. Er hatte zuletzt 1929 versucht, Rutherfords Neutron zu finden, und erkannte rasch, dass die Beobachtung von Protonen durch Joliot und Curie sich durch die Annahme erklären ließ, dass diese von Neutronen angestoßen werden, die selbst etwa

Chadwick

die Masse des Protons haben. Beim elastischen Stoß kann nur dann die volle Energie vom stoßenden auf den gestoßenen Körper übertragen werden, wenn beide die gleiche Masse haben. Je größer die relative Massendifferenz ist, desto kleiner ist der übertragene Energiebruchteil. In Experimenten mit Stoßpartnern verschiedener Masse fand Chadwick, dass die von Bothe und Becker beobachtete Strahlung aus solchen Neutronen besteht. Die Neutronen waren übrigens wie folgt erzeugt worden: Beim Beschuss eines Berylliumkerns mit einem α-Teilchen entstehen ein Kohlenstoffkern und ein Neutron, $\alpha + {}^{9}\mathrm{Be} \rightarrow {}^{12}\mathrm{C} + n$. Das Neutron stellte sich schnell als eigenständiges Teilchen heraus; es ist kein Bindungszustand aus Proton und Elektron. Seine Masse ist geringfügig höher als die des Protons. Beide haben den Spin $\hbar/2$, sind also Fermionen.

Wegen seiner fehlenden Ladung kann das Neutron leicht in einen Atomkern eindringen. Fermi, inzwischen Professor in Rom, vermutete deshalb, dass es sich gut zur Erzeugung künstlicher Radioaktivität eignete. Nur zwei Monate nach der ersten Mitteilung von Curie und Joliot gelang ihm die Aktivierung zweier Elemente mit Neutronen. Weitere drei Monate später hatten er und seine jungen Mitarbeiter zwei Drittel aller Elemente des Periodensystems bestrahlt und bei mehr als der Hälfte künstliche Radioaktivität hervorgerufen. Im Oktober 1934 stellten sie erstaunt fest, dass diese Aktivität besonders hoch war, wenn sich zwischen der Neutronenquelle und der bestrahlten Substanz wasserstoffhaltiges Material befand. Fermi konnte die Erscheinung rasch erklären: Durch Stöße mit den Protonen des Materials geben die Neutronen so lange Energie an diese ab, bis sie selbst nur noch die Energie besitzen, die der Temperatur des Materials entspricht. Die Energie solch langsamer, *thermischer* Neutronen beträgt etwa 0,04 eV.

Man beobachtete folgende Reaktionen von Kernen, die ein Neutron absorbiert hatten: 1. Der Kern emittierte ein α-Teilchen (oder ein Proton), verlor damit zwei (oder eine) Ladungseinheiten und glitt deshalb im Periodensystem um zwei Plätze (oder einen Platz) nach unten. 2. Der Kern gab nur überschüssige Energie in Form eines γ-Quants ab, blieb also Isotop des gleichen Elements. 3. Der neue Kern veränderte sich durch einen β-Zerfall und wanderte im Periodensystem einen Platz nach oben, gelegentlich durch wiederholten Zerfall um mehr als einen Platz. Bei der Bestrahlung von Uran beobachtete Fermis Gruppe Radioaktivität mit verschiedenen Halbwertszeiten. Da sie in der Probe keine Elemente kurz unterhalb des Urans (entsprechend Fall 1) nachweisen konnten, glaubten sie *Transurane* erzeugt zu haben, neue Elemente, die im Periodensystem jenseits des Uran liegen, also eine Kernladungszahl von mehr als 92 besitzen mussten.

7.4 Das Neutrino und die schwache Kraft

Während seines Aufenthalts bei Geiger in Berlin entdeckte Chadwick 1914 eine besondere Eigenschaft des β-Zerfalls. Es geht scheinbar Energie verloren, denn das emittierte Elektron trägt nicht die ganze frei werdende Energie, sondern nur einen Bruchteil, der in jedem Einzelzerfall verschieden groß ist. Das war so beunruhigend, dass Pauli 1930 auf einen, wie er schrieb, «verzweifelten Ausweg» verfiel. In einem launisch abgefassten Brief an die Teilnehmer einer kleinen Tagung in Tübingen postulierte er die Existenz eines neutralen Teilchens, das im β-Zerfall gemeinsam mit dem Elektron erzeugt werden sollte. Er nannte es «Neutron»; es sollte ein Fermion sein wie das Elektron, eine sehr kleine Ruhmasse haben und von Materie kaum absorbiert werden. Pauli präsentierte seinen Vorschlag 1931 auf Tagungen in Pasadena und in Rom und weckte besonders Fermis Interesse.

Als Chadwick «sein» Neutron entdeckte, änderte Fermi den Namen von Paulis Teilchen in *Neutrino* (das kleine Neutron); als Kurzbezeichnung dient ν. Erst 1933 publizierte Pauli seine Idee. Dabei schloss er nicht mehr aus, dass das Neutrino, ähnlich dem Photon, masselos sein könne. Dies war über Jahrzehnte die Ansicht vieler Physiker. Erst 2001 zeigten Experimente, dass Neutrinos eine winzige Masse tragen, deren genauer Wert noch unbekannt ist. Mit seiner «Theorie der β-Strahlen» schuf Fermi En-

Fermi

de 1933 eine Quantentheorie der schwachen Kraft oder *schwachen Wechselwirkung*, die sich insbesondere im β-Zerfall der Atomkerne äußert. Er orientierte sich an der frühen, noch in der Entwicklung begriffenen Quanten-Elektrodynamik, die die *Erzeugung* (Emission) und *Vernichtung* (Absorption) eines Photons beschreiben konnte. An die Stelle des Photons, das ein Boson, also ein Teilchen mit ganzzahligem Spin, ist, setzte er ein Fermion-Paar, bestehend aus Elektron und Neutrino, das insgesamt auch ganzzahligen Spin besitzt. Außerdem griff er Heisenbergs Idee auf, dass Proton und Neutron zwei verschiedene Zustände eines Teilchens sind (Abschnitt 7.5). Damit gelang es ihm, den β-Zerfall als Übergang eines im Atomkern befindlichen Neutrons in ein Proton unter Erzeugung eines Elektron-Neutrino-Paares zu beschreiben, $n \rightarrow p + e^- + \nu$. Dargestellt in der heute üblichen Form eines Feynman-Diagramms, ist die Reaktion durch die Linien von vier Fermionen gekennzeichnet – eine einlaufende (n) und drei auslaufende (p, e^-, ν). Sie besitzen einen gemeinsamen Vertex, der durch eine neue Naturkonstante, die *Fermische Kopplungskonstante*, gekennzeichnet ist. Mit dieser einen Konstanten konnte Fermi die Vielzahl der bekannten β-Zerfälle beschreiben.

7.5 Die starke Kraft, der Isospin und das Meson

Heisenberg war 1927 Professor in Leipzig geworden. Er suchte 1932 einen Weg, die Bindung von Protonen und Neutronen im Kern zu beschreiben. Dazu betrachtete er Proton und Neutron als zwei Zustände ein und desselben Teilchens, das heute *Nukleon* heißt. Sie sollten sich nur durch den *Isospin* unterscheiden, eine Eigenschaft, die dem von Pauli für den Spin eingeführten Formalismus folgt, aber nichts mit einer räumlichen Drehung zu tun hat. Heisenbergs Ziel war es, die Anziehung zwischen Nukleonen als quantenmechanische Austauschkraft (vgl. Abschnitt 6.5) zu verstehen. Zwar erwies sich das Konzept letztlich als ungeeignet zur Erklärung der starken Kraft oder *starken Wechselwirkung* zwischen Nukleonen, doch wurde die Klassifizierung nach Isospin erfolgreich auf andere Teilchen übertragen und erweitert (Kap. 8).

In der Quanten-Elektrodynamik wird die Kraft zwischen geladenen Teilchen durch den Austausch eines Photons beschrieben. Sie wirkt zum Beispiel zwischen Atomkern und Elektronenhülle und hat damit eine große Reichweite. Die Kraftwirkung zwischen Nukleonen erstreckt sich aber nur über den Atomkern. Yukawa, ein junger Physiker an der Universität Osaka, entwarf 1934 eine Theorie, in der auch die starke Wechselwirkung durch Austausch eines Teilchens bewirkt wird. Das Austauschteilchen sollte im Gegensatz zum Photon eine Ruhmasse besitzen. Damit ließ sich die kurze Reichweite erklären. Er schätzte die Masse auf etwa $100\,\mathrm{MeV}/c^2$.

Yukawas Arbeit wurde erst beachtet, als 1937 Anderson, der Entdecker des Positrons, und Neddermeyer in der Höhenstrahlung ein geladenes Teilchen dieser Masse nachweisen konnten. Weil der Massenwert zwischen denen von Elektron und Proton liegt, nannten sie es Mesotron; bald sprach man lieber von einem *Meson*. Mit der Zeit fand man aber, dass es nicht das Yukawa-Teilchen sein konnte, denn es zeigte keinerlei Wechselwirkung mit Kernen. Erst 1947 beobachtete an der Universität Bristol die Gruppe um Powell in Photo-

Yukawa

emulsion, die sie der Höhenstrahlung ausgesetzt hatten, die Spur eines Mesons mit starker Wechselwirkung. Sie nannten es π-*Meson* und gaben dem vorher bekannten Teilchen den Namen μ-*Meson*. Letzteres heißt heute schlicht *Müon*, hat die Eigenschaften eines schweren Elektrons und tritt unter anderem beim Zerfall eines π-Mesons auf.

7.6 Die Kernspaltung

Seit 1904 arbeitete Hahn, ein Chemiker, auf dem Gebiet der Radioaktivität, zuerst in London, dann bei Rutherford in Montreal und ab 1906 in Berlin; 1928 wurde er Direktor des Kaiser-Wilhelm-Instituts für Chemie in Dahlem. Lise Meitner kam 1907 nach Berlin. Sie hatte in Wien bei Boltzmann studiert. Nach dessen Tod setzte sie ihre Studien bei Planck fort und begann bald eine erfolgreiche Zusammenarbeit mit Hahn. Von 1935 an untersuchten Hahn und Meitner mit Strassmann, einem jungen Chemiker, die Reaktionsprodukte, die bei der Bestrahlung von Uran mit Neutronen auftraten. Wie Fermi hielten sie sie für Transurane. Bis zum «Anschluss» Österreichs im

März 1938 war Lise Meitner von den nationalsozialistischen Rassengesetzen nicht betroffen gewesen; danach emigrierte sie nach Schweden.

Meitner und Hahn

Ende 1938 wiesen Hahn und Strassmann mit chemischen Methoden das Element Barium (Kernladungszahl $Z = 56$) im bestrahlten Uran nach. Noch vor der Veröffentlichung schickten sie Lise Meitner ihre Ergebnisse, die sie mit ihrem Neffen Otto Frisch besprach, der zu der Zeit bei Bohr in Kopenhagen arbeitete. Meitner und Frisch entwarfen in den Weihnachtsferien 1938 ein Modell der Kernspaltung des Urans: Durch den Einschluss eines zusätzlichen Neutrons wurde der tröpfchenartig gedachte Urankern in Eigenschwingungen versetzt, die zu einer Einschnürung und schließlich zu einer Zerlegung des Kerns in zwei ungefähr gleich große Teile führten. Die bei der Spaltung eines Kerns frei werdende Energie schätzten sie auf 200 MeV. Das ist etwa 100 Millionen Mal mehr als bei der Verbrennung eines Kohlenstoffatoms mit Sauerstoff zu einem CO_2-Molekül. Frisch selbst wies im Januar 1939 als Erster die Kernspaltung mit physikalischen Methoden nach. Ein mit Uran ausgekleidetes Zählrohr wurde mit Neutronen bestrahlt und zeigte elektrische Signale von einer Größe an, die sich nur durch die schweren Kernbruchstücke erklären ließ.

7.7 Transurane

Als Hahn und Strassmann ihre Entdeckung veröffentlichten, schrieben sie: «Unserer Meinung nach behalten die ‹Transurane› die ihnen bisher zugeschriebene Stellung bei.» In der Tat wurde bereits 1940 in Berkeley von McMillan und Abelson das Element mit der Kernladungszahl 93 erzeugt und zweifelsfrei identifiziert. Es erhielt den Namen *Neptunium*. Wie von Fermi vermutet, wurde zunächst das Uran-Isotop ^{238}U durch Anlagerung eines Neutrons in ^{239}U umgewandelt, das dann durch β-Zerfall in Neptunium ^{239}Np überging. Bis heute sind Transurane bis zur Kernladungszahl $Z = 118$ erzeugt worden, die meisten sind extrem kurzlebig. Das bekannteste ist das ebenfalls 1940 in Berkeley gefundene *Plutonium* ($Z = 94$) mit einigen sehr langlebigen Isotopen.

8 Hadronen – eine Fülle von «elementaren» Teilchen

8.1 Viele neue Teilchen und ihre Beschreibung

Wie im Abschnitt 7.5 erwähnt, wurde 1947 das geladene π-Meson entdeckt. Dieses Teilchen, bald auch einfach *Pion* genannt, hatte die von Yukawa geforderten Eigenschaften und sollte als Austauschteilchen die starke Wechselwirkung zwischen Protonen und Neutronen vermitteln. Noch im gleichen Jahr wurden weitere, wesentlich schwerere Mesonen beobachtet. In den folgenden zwei Jahrzehnten stieg die Zahl neuer Teilchen mit starker Wechselwirkung auf weit über hundert. Sie wurden meist in Spurenkammern nachgewiesen, zunächst in Photoemulsion oder in Nebelkammern, die der Höhenstrahlung ausgesetzt wurden. Aus den registrierten Spuren ließen sich die Prozesse der Erzeugung und des Zerfalls der Teilchen rekonstruieren.

Der Name *Hadron* ist der Sammelbegriff für alle stark wechselwirkenden Teilchen. Das einzige stabile Hadron ist das Proton. Es selbst und alle Hadronen, unter deren Zerfallsprodukten ein Proton ist, heißen *Baryonen* und tragen die *Baryonzahl* $B = 1$. Entsprechendes gilt für das Antiproton (Abschnitt 8.3) und die Antibaryonen mit der Baryonzahl $B = -1$. Alle anderen Hadronen sind Mesonen und haben die Baryonzahl $B = 0$. Die Baryonen und ihre Antiteilchen sind Fermionen, haben also halbzahligen Spin. Die Mesonen sind Bosonen.

Die Halbwertszeit eines Hadrons ist charakteristisch für die Art der Wechselwirkung, über die es zerfällt; typische Werte sind 10^{-10} s für die schwache, 10^{-17} s für die elektromagnetische und 10^{-21} s für die starke Wechselwirkung. Zwar sind diese Zeiten alle sehr kurz, doch kann ein schwach zerfallendes Hadron eine gut messbare Strecke zurücklegen und, wenn es geladen ist, eine eigene Spur erzeugen, so etwa ein geladenes Pion, das in ein Müon und ein Neutrino zerfällt. Für elektromagnetische und starke Zerfälle ist die Zeit dafür zu kurz; aus den Energien und Impulsen der Zerfallsteilchen lässt sich aber die Masse des Hadrons berechnen. Die ebenfalls messbare Unschärfe oder *Breite* $\Delta m = \Delta E/c^2$ dieses Massenwertes hängt nach der Unschärferelation $\Delta E\, \Delta t \approx h$ von der Halbwertszeit Δt ab und ist klein für elektromagnetische und groß für starke Zerfälle. Das schon vorher vermutete und 1950 erstmals von Steinberger, Panofsky und Steller in Berkeley beobachtete neutrale Pion zerfällt elektromagnetisch in zwei Photonen, das 1952 von Fermi und Mitarbeitern in Chicago gefundene Δ-Teilchen stark in ein Nukleon und ein Pion. Nach diesen ein wenig technischen Bemerkungen wenden wir uns der Entdeckung einiger besonderer Hadronen zu und anschließend der Entwicklung einer Ordnung in deren Vielfalt.

8.2 Die «seltsamen» Teilchen

Die zu Beginn des vorangehenden Abschnitts erwähnten schwereren Mesonen, die heute K-Mesonen heißen, wurden 1947 von Rochester und Butler in Manchester mit ihrer Nebelkammer entdeckt. Ein solches Meson, elektrisch neutral und deshalb keine Spur hinterlassend, zerfiel in der Kammer in zwei geladene Pionen, $K^0 \rightarrow \pi^+ + \pi^-$. Deren Spuren verliefen, vom Zerfallspunkt ausgehend, in verschiedene Richtungen und bildeten die Form des Buchstabens V. Ein weiteres, positiv geladenes Meson hinterließ eine Spur, die an einer Stelle einen scharfen Knick machte und offenbar ab dort die Spur eines positiven Pions war. Die beiden Spuren vor und hinter dem Knick konnte man wieder als «V» deuten. Das Meson war an der Knickstelle in ein geladenes und ein neutrales Pion zerfallen, $K^+ \to \pi^+ + \pi^0$. In den folgenden Jahren wurden von verschiedenen Gruppen weitere «V-Teilchen» entdeckt, von denen wir nur zwei erwähnen: Ein neutrales V-Teilchen erhielt den Namen Λ^0; es zerfällt in ein Proton und ein Pion, $\Lambda^0 \to p + \pi^-$. Ein geladenes V-Teilchen, das Ξ^-, zerfällt in ein π^- und ein Λ^0, das anschließend seinerseits zerfällt; es hieß deshalb auch das *Kaskadenteilchen*.

Diese neuen Teilchen zeigten ein seltsames Verhalten. Sie unterlagen, genau wie ihre Zerfallsprodukte, der starken Wechselwirkung; trotzdem waren sie so langlebig, dass ihr Zerfall über die schwache Wechselwirkung verlaufen musste. Pais in Princeton las daraus 1951 eine Gesetzmäßigkeit ab: In einer starken Wechselwirkung können mehrere (gewöhnlich zwei) V-Teilchen gemeinsam erzeugt werden. Der Zerfall

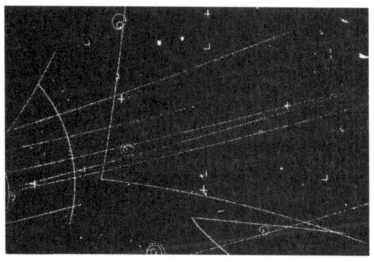

Assoziierte Erzeugung $\pi^- + p \to \Lambda^0 + K^0$ in einer mit flüssigem Wasserstoff gefüllten Blasenkammer. Die «seltsamen» Teilchen Λ^0 und K^0 werden an der Stelle erzeugt, wo die untere Spur der von links einfallenden π^--Mesonen endet, weil das Meson dort mit einem Proton der Kammerfüllung reagiert. Sie zerfallen weiter rechts in je zwei geladene Teilchen, deren Spuren charakteristische «V»-Muster bilden.

jedes Einzelnen ist jedoch nur schwach möglich. Diese *assoziierte Erzeugung*, z. B. $\pi^- + p \to \Lambda^0 + K^0$, wurde 1954 erstmals im Experiment beobachtet. Ein Jahr später gelang eine elegante Formulierung der Regel von Pais mithilfe einer neuen Quantenzahl (Abschnitt 8.4).

8.3 Antiproton und Antineutron

Das erste Antiteilchen, das Positron, wurde, wie erwähnt, 1932 entdeckt (Abschnitt 6.6). Ähnlich wie das Elektron sollte auch das Proton ein Antiteilchen haben, das *Antiproton* ($\bar{p}$), und es war anzunehmen, dass beim Stoß eines hinreichend energiereichen Protons mit einem anderen ein zusätzliches Proton-

Antiproton-Paar gebildet werden könne, $p + p \rightarrow p + p + p + \bar{p}$. (Ein Antibaryon kann nur gemeinsam mit einem Baryon erzeugt oder vernichtet werden. Die Gesamt-Baryonzahl bleibt bei jeder Reaktion erhalten. Hier ist $B = 2$ vor und nach der Reaktion.)

In Berkeley war ein Beschleuniger, das *Bevatron*, gebaut worden, der Protonen die notwendige Energie verlieh. Dort wurde in der Tat 1955 von Chamberlain, Segrè, Wiegand und Ypsilantis das Antiproton nachgewiesen, ein Teilchen mit der Masse und dem Spin des Protons, jedoch mit umgekehrter, also negativer Ladung. Beim Stoß eines Antiprotons mit einem Proton sind verschiedene Prozesse möglich. Wir nennen hier nur den Ladungsaustausch, bei dem die beiden Teilchen in ein Neutron und ein *Antineutron* übergehen, $\bar{p} + p \rightarrow \bar{n} + n$, oder die gegenseitige Vernichtung der beiden, bei der in der Regel mehrere Pionen entstehen, z. B. $\bar{p} + p \rightarrow \pi^+ + \pi^- + \pi^+ + \pi^-$. Diese und ähnliche Reaktionen von Antinukleonen wurden auch innerhalb weniger Jahre von verschiedenen Gruppen in Berkeley beobachtet.

8.4 Ordnung mit Isospin und «Seltsamkeit»

Diskussionspartner von Pais in Princeton war Gell-Mann, ein junger Kollege, der gerade promoviert hatte und der kurz darauf nach Chicago, dann nach New York und schließlich nach Pasadena ging. Er arbeitete teils mit Pais, teils allein über die Klassifizierung der neuen Teilchen und stellte 1955 eine bis heute gültige Systematik vor. Ausgangspunkt war der von Heisenberg eingeführte Isospin. Teilchen (nahezu) gleicher Masse und sonst gleicher Quantenzahlen, die sich nur durch die elektrische Ladung unterschieden, wurden zu einem Isospin-Multiplett zusammengefasst. Teilchen im Multiplett tragen die gleiche Isospin-Quantenzahl I, unterscheiden sich aber durch die Quantenzahl I_3, die die Werte $-I, -I + 1, \ldots, I$ annehmen kann. Für die Nukleonen (Proton und Neutron) gilt $I = \frac{1}{2}$; das Neutron hat $I_3 = -\frac{1}{2}$, das Proton $I_3 = \frac{1}{2}$. Bezeichnen wir die Anzahl der Elementarladungen, die ein Teilchen trägt, mit Q, so hat das Neutron $Q = 0$, das Proton $Q = 1$. Der

Ξ^-	Ξ^0		$S=-2$
$I_3=-\frac{1}{2}$	$I_3=\frac{1}{2}$		

Σ^- Σ^0 Σ^+ $S=-1$
$I_3=-1$ $I_3=0$ $I_3=+1$

K^0 K^+ $S=1$ Λ^0 $S=-1$
$I_3=-\frac{1}{2}$ $I_3=+\frac{1}{2}$ $I_3=0$

π^- π^0 π^+ $S=0$ n p $S=0$
$I_3=-1$ $I_3=0$ $I_3=+1$ $I_3=-\frac{1}{2}$ $I_3=+\frac{1}{2}$

Q Q
-1 0 $+1$ -1 0 $+1$

Langlebige Mesonen (links) und Baryonen (rechts). Abzulesen sind die Ladungszahl Q, die Isospin-Quantenzahl I_3 und die Seltsamkeit S. Teilchen mit höherer
Masse m sind weiter oben im jeweiligen Diagramm eingezeichnet. Der Ladungsschwerpunkt verschiebt sich mit steigender Masse für Mesonen nach rechts, für
Baryonen nach links. Für jedes Hadron erhält man das zugehörige Antiteilchen
durch Umkehrung der Vorzeichen von Q, I_3, S und der Baryonzahl B.

«Ladungsschwerpunkt» liegt bei $Q = \frac{1}{2}$. Für das Pion mit seinen drei Ladungszuständen π^-, π^0, π^+ erhält man $I = 1$ und
$I_3 = -1, 0, 1$; der Ladungsschwerpunkt liegt bei $Q = 0$. Mit
der Baryonzahl $B = 1$ für Nukleonen, $B = -1$ für Antinukleonen und $B = 0$ für Mesonen konnte Gell-Mann die Verschiebung des Ladungsschwerpunkts erfassen. Für Nukleonen,
Antinukleonen und Pionen gilt offenbar der einfache Zusammenhang $Q = B/2 + I_3$.

Gell-Mann bildete Isospin-Multipletts auch aus den neuen
«seltsamen» Teilchen und fand auch bei diesen Verschiebungen
des Ladungsschwerpunktes, die er mit einer zusätzlichen Quantenzahl beschrieb, die er *strangeness*, also *Seltsamkeit*, S nannte
(siehe Diagramm). Damit ergab sich eine einzige Beziehung für
die Ladung jedes Hadrons, nämlich $Q = B/2 + S/2 + I_3$. Sie heißt
jetzt *Gell-Mann-Nishijima-Formel*, weil Nishijima in Japan unabhängig ganz ähnliche Überlegungen angestellt hatte. Das seltsame Verhalten der neuen Teilchen ließ sich jetzt so beschreiben: In Prozessen der starken Wechselwirkung ist die Gesamt-

Seltsamkeit erhalten. (Bei der Erzeugung $\pi^- + p \to \Lambda^0 + K^0$ ist $S = 0$ vor und nach der Reaktion.) In einer schwachen Wechselwirkung kann sie jedoch verändert werden. (Es gilt $S = -1$ vor dem Zerfall $\Lambda^0 \to p + \pi^-$ und $S = 0$ danach.)

Das Schema von Gell-Mann und Nishijima sagte die Existenz weiterer Hadronen voraus, die später auch alle beobachtet wurden. Als Beispiel erwähnen wir das Kaskadenteilchen Ξ^-, das, wie erwähnt, schwach in ein Λ^0 und ein Pion zerfällt und dem deshalb die Seltsamkeit $S = -2$ gegeben wird. Es musste, wie man leicht zeigt, einen neutralen Partner, das Ξ^0, haben.

8.5 Der Sturz der Parität

Als *Parität* versteht man in der Quantenmechanik die Eigenschaft der Wellenfunktion eines Systems unter Raumspiegelung. Ist die Wellenfunktion gleich ihrem Spiegelbild, d. h., ändert sie sich nicht, wenn man das Vorzeichen der Koordinaten umkehrt, so spricht man von positiver Parität $P = +1$; ändert sie selbst auch ihr Vorzeichen, hat sie negative Parität $P = -1$. Die Parität eines zusammengesetzten Systems ist das Produkt der Paritäten seiner Komponenten. Das Experiment zeigte, dass in elektromagnetischen Prozessen, z. B. der Abstrahlung eines Photons durch ein Atom, die Parität erhalten bleibt. Dabei tritt die Parität des Photons selbst in Erscheinung; sie hat den Wert -1, wie man den Symmetrieeigenschaften des elektromagnetischen Feldes entnimmt. Die Paritätserhaltung galt ganz selbstverständlich als allgemeines Symmetrieprinzip. Auf dieser Grundlage ließen sich die Eigenparitäten einzelner Teilchen durch Vermessung ihrer Erzeugungs- oder Zerfallsprozesse erschließen. Nukleonen haben positive, Pionen negative Parität.

Ein Problem bildete allerdings das K-Meson. Es trat scheinbar in Form zweier verschiedener Teilchen auf, als Theta (zerfallend in zwei Pionen, $\theta^+ \to \pi^+ + \pi^0$, und damit offenbar von positiver Parität) und als Tau (mit dem Zerfall $\tau^+ \to \pi^+ + \pi^+ + \pi^-$ und negativer Parität). Man sprach vom *Theta-Tau-Rätsel*. Auf einer Tagung in Rochester Anfang 1956 warf Feynman in der Diskussion eine Frage auf, die ihm wenige Stunden vorher von

Block, einem Experimentalphysiker, gestellt worden war: Könnte es sein, dass Theta und Tau gar nicht verschieden sind, dass aber die Parität nicht erhalten ist? Lee und Yang, zwei junge, aus China stammende Theoretiker, die bei Fermi in Chicago promoviert hatten, gingen dieser Frage nach. Die vorliegenden Experimente, so schrieben sie im Juni 1956, bestätigten die Erhaltung der Parität in starken Wechselwirkungen, ergäben aber kein klares Bild in Bezug auf schwache wie den Zerfall von K-Mesonen. Erhaltung der Parität bedeutet, dass es keine Bevorzugung von links oder rechts gibt, dass also zu jedem Vorgang auch der dazu spiegelsymmetrische vorkommen muss. Lee und Yang schlugen die Messung von Größen vor, die unter Spiegelung ihr Vorzeichen umkehren und deren Mittelwert deshalb bei Paritätserhaltung verschwinden müsse. Eine solche Größe ist die Projektion eines Impulsvektors auf einen Drehimpulsvektor.

In diesem Sinne wurde von Frau Wu, die wie Lee an der Columbia-Universität in New York tätig war, und Mitarbeitern der β-Zerfall von Kobaltatomen des Isotops ^{60}Co untersucht. Bei extrem niedriger Temperatur konnten das magnetische Moment und damit der Spin der Atome in einem Magnetfeld ausgerichtet werden. Die Flugrichtung der beim Zerfall auftretenden Elektronen war bevorzugt entgegengesetzt zu dieser Spinrichtung: Die Spiegelsymmetrie war verletzt. Diese im Januar 1957 mitgeteilte Entdeckung erregte großes Aufsehen und wurde als der *Sturz der Parität* bezeichnet.

Da die Paritätsverletzung nur in der schwachen Wechselwirkung auftritt, haben alle Hadronen eine wohldefinierte Eigenparität. Der Spin J (in Einheiten von $\hbar$) und die Parität P sind wesentliche Kennzeichen jedes Hadrons. Es ist üblich, sie kurz in der Form J^P anzugeben. So gilt für die π- und K-Mesonen $J^P = 0^-$.

8.6 Kurzlebige Hadronen

Als sehr geeignet zum Aufspüren neuer Hadronen erwies sich die 1953 von Glaser in Ann Arbor entwickelte Blasenkammer, die sich gut an Teilchenbeschleunigern betreiben ließ. Mit her-

ausragendem Erfolg wurde sie ab Mitte der 1950er Jahre von
Alvarez und seiner Gruppe in Berkeley, aber auch von anderen
Gruppen in den USA und in Europa eingesetzt. Fast alle die-
ser weiteren Hadronen waren sehr kurzlebig, sie zerfielen stark.
Darunter waren auch «seltsame» Hadronen, in deren Zerfall die
Quantenzahl S sich nicht änderte, weil eines ihrer Zerfallspro-
dukte (das dann schwach zerfiel) ebenfalls «seltsam» war.

8.7 Die Vorhersagekraft von Symmetrie

Bald gab es ungefähr so viele bekannte Hadronen wie chemische
Elemente. Ein ordnendes Schema, entsprechend dem Periodensystem der Elemente, wurde in der mathematischen Theorie der
Symmetriegruppen gefunden, die im 19. Jahrhundert entwickelt
worden war. Einige dieser Gruppen waren bereits erfolgreich in
der Physik angewandt worden, darunter eine Gruppe mit dem
Namen $SU(2)$ (spezielle unitäre Gruppe vom Grad 2) zur Beschreibung des Drehimpulses und des Spins und damit auch des
Isospins. Sie macht Aussagen über die Anzahl der Zustände in
einem Isospin-Multiplett und über die Werte der Quantenzahl
I_3, die diese Zustände kennzeichnen. Gell-Mann fand 1961,
dass eine ähnliche Gruppe, die $SU(3)$, Multipletts aus Zuständen mit zwei Kenngrößen lieferte, denen er die Quantenzahlen
I_3 und S zuordnete. So konnte er die langlebigen Mesonen (mit
Spin und Parität $J^P = 0^-$) und Baryonen (mit $J^P = (\frac{1}{2})^+$) als
zwei Oktetts beschreiben, Multipletts mit acht Zuständen. In
einer Ebene mit I_3 und S als Koordinatenachsen liegen sechs
der Zustände auf den Ecken eines Sechsecks und zwei in dessen
Zentrum. Für die Mesonen kommt noch ein Singulett im Zentrum mit den Quantenzahlen $I_3 = S = 0$ hinzu. Das Zentrum
sollte demnach mit 3 Mesonen besetzt sein, jedoch war nur eines mit diesen Quantenzahlen bekannt, das π^0. Die Existenz
der beiden anderen, η und η', wurde von Gell-Mann vorausge-
sagt; sie sind kurzlebig und wurden noch 1961 bzw. 1964 beobachtet. Ein weiteres Oktett beschrieb kurzlebige Mesonen mit
$J^P = 1^-$, von denen ebenfalls sechs bekannt waren und zwei
erfolgreich vorhergesagt wurden.

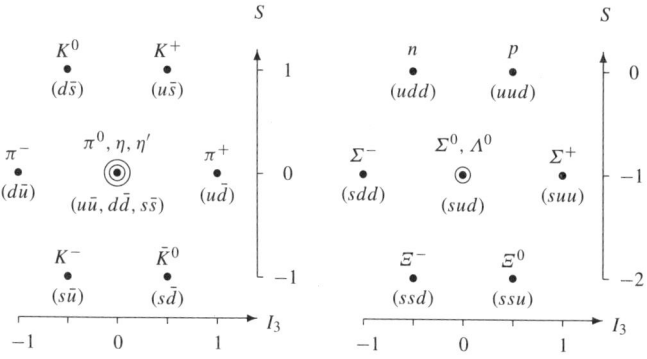

Unter der Symmetriegruppe $SU(3)$ bilden die Mesonen mit Spin und Parität $J^P = 0^-$ ein Oktett und ein Singulett (links), die Baryonen mit $J^P = (1/2)^+$ ein Oktett (rechts). In Klammern ist die Zusammensetzung der einzelnen Hadronen aus Quarks (Kapitel 9) angegeben.

Gell-Mann gab seiner Theorie den Namen *the eightfold way* in Anspielung an eine Lehre Buddhas, den «edlen achtfachen Pfad». In unabhängiger Arbeit kam ebenfalls 1961 Ne'eman zu ganz ähnlichen Ergebnissen wie Gell-Mann. Neben seiner Tätigkeit als Militärattaché an der israelischen Botschaft in London promovierte er dort in theoretischer Physik über die Anwendung der $SU(3)$-Symmetrie auf die Ordnung der Hadronen. Er war später Präsident der Universität Tel Aviv und Wissenschaftsminister in Israel.

Eine verblüffende Vorhersage machte Gell-Mann 1962 auf einer Fachtagung in Genf als Diskussionsbemerkung: Baryonen mit $J^P = (\frac{3}{2})^+$ sollten ein Dekuplett bilden, ein Multiplett mit zehn Zuständen, davon vier mit $S = 0$, drei mit $S = -1$, zwei mit $S = -2$ und schließlich eines mit der noch nie beobachteten Seltsamkeit $S = -3$. Dieses letzte Teilchen erhielt von Gell-Mann den Namen Ω^-; er konnte seine Masse sowie die Art seines Zerfalls angeben und eine Reaktion vorschlagen, in der es erzeugt werden könne. In einer gezielten Suche wurde es Anfang 1964 mit einer Blasenkammer in Brookhaven nachgewiesen.

Zur gleichen Zeit entstand auf der Grundlage der $SU(3)$-Symmetrie die Hypothese, die Hadronen seien aus wenigen einfacheren Teilchen aufgebaut, den *Quarks*. Ihnen stehen die *Leptonen* gegenüber, deren bekanntestes das Elektron ist.

9 Leptonen und Quarks – die Bausteine der Materie

9.1 Das Elektron und das Müon

Alle Teilchen ohne starke, aber mit schwacher Wechselwirkung heißen *Leptonen*; sie tragen den Spin $\hbar/2$, sind also Fermionen. Zu ihnen gehört das Elektron e^- und sein Antiteilchen, das Positron e^+. Auch das Paulische Neutrino ist ein Lepton. Genauer bezeichnet man es als *Antineutrino* $\bar{\nu}$, denn dann ist seine Entstehung im β-Zerfall gemeinsam mit einem Elektron die Erzeugung eines Teilchen-Antiteilchen-Paares. Künstlich radioaktive Isotope zeigen oft einen β-Zerfall, bei dem ein Positron und ein *Neutrino* ν erzeugt werden.

Wie in Abschnitt 7.5 erwähnt, wurde 1937 ein geladenes Teilchen, das *Müon* μ, entdeckt, das die Eigenschaften des Elektrons besitzt, abgesehen von der etwa 200-mal größeren Masse. Das Müon zerfällt schwach; als Zerfallsprodukt tritt ein Elektron auf. Pontecorvo wandte 1947 die Fermische Theorie der schwachen Wechselwirkung auf diesen Zerfall an. Er war das jüngste Mitglied in Fermis erfolgreicher Gruppe in Rom gewesen und arbeitete seinerzeit in einem kanadischen Forschungszentrum. Weil in der Fermi-Theorie immer 4 Fermionen mit einem gemeinsamen Vertex auftreten (Abschnitt 7.4), sagte er voraus, dass beim μ-Zerfall neben dem Elektron ein Neutrino-Antineutrino-Paar aufträte, $\mu^\pm \to e^\pm + \nu + \bar{\nu}$. Durch Vermessung der Energieverteilung der Elektronen aus dem Müon-Zerfall konnte Steinberger im Rahmen seiner Dissertation bei Fermi in Chicago bestätigen, dass beim Zerfall mehr als zwei Teilchen auftreten.

9.2 Der direkte Nachweis des Neutrinos

Fermi und seiner Gruppe gelang 1942 in Chicago der Bau des ersten Kernreaktors (Abschnitt 12.1). Als Nebenprodukt der Kernspaltung finden in einem Reaktor β-Zerfälle in großer Zahl statt. Er ist damit auch eine intensive Quelle von (Anti-)Neutrinos. Reines in Los Alamos erkannte 1951 die Möglichkeit, sie für den Nachweis des *inversen β-Zerfalls* zu nutzen und damit die Existenz des Neutrinos direkt zu demonstrieren. Es handelt sich dabei um die Reaktion eines Antineutrinos mit einem Proton, in der ein Neutron und ein Positron entsteht, $\bar{\nu} + p \rightarrow n + e^+$. Zwar hatten Bethe und Peierls schon 1934 mit Fermis Theorie berechnet, dass ein Neutrino eine Strecke von durchschnittlich 10^{19} Metern in Materie durchlaufen müsse, um eine solche Reaktion hervorzurufen, doch bedeutet das auch, dass etwa eines von 10^{19} bereits auf dem ersten Meter reagiert. Mit einem mehrere Kubikmeter großen Detektor unmittelbar an einem Reaktor konnten Cowan und Reines 1956 unzweideutig Ereignisse nachweisen, bei denen gleichzeitig ein Neutron und ein Positron auftraten.

9.3 Verschiedene Neutrinos

Es lag nahe, auch für die Vermittlung der schwachen Wechselwirkung ein Austauschteilchen einzuführen und die Fermi-Theorie entsprechend zu ergänzen. Danach zerfällt das Müon nicht direkt in ein Elektron und zwei Neutrinos, sondern es tritt ein kurzlebiges Zwischenteilchen auf, das einfach den Namen *schwaches Boson* oder W-Boson erhielt. Es sollte mit positiver und negativer Ladung (als W^+ und W^-) vorkommen und an Lepton-Paare koppeln, z. B. (e^-, $\bar{\nu}$) oder (μ^-, $\bar{\nu}$). Feinberg in Brookhaven erkannte 1958, dass eine solche Theorie auch den – allerdings nicht vorkommenden – Zerfall eines Müons in ein Elektron und ein Photon erlauben würde. Verboten wäre dieser Zerfall nur dann, wenn es verschiedene Neutrino-Arten, ν_e und

ν_μ, gäbe und das W-Boson nur jeweils an Lepton-Paare einer Familie koppeln könne, z. B. $(e^-, \bar\nu_e)$ oder $(\mu^-, \bar\nu_\mu)$.

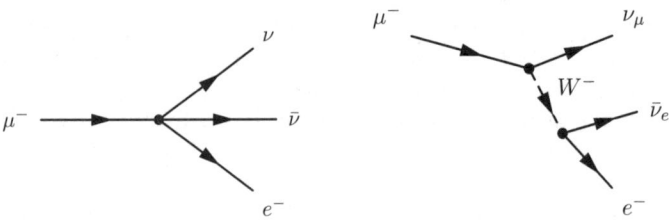

Feynman-Diagramme zum Müon-Zerfall. Links: Fermi-Theorie, rechts: mit Austausch eines W-Bosons und zwei Neutrino-Arten

Zu dieser Zeit waren in Brookhaven und am Europäischen Forschungszentrum CERN in Genf neue Protonen-Beschleuniger mit Energien von bis zu 28 GeV im Bau. Schwartz in Brookhaven und Pontecorvo, der in die Sowjetunion gegangen war, schlugen unabhängig voneinander vor, sie in folgender Weise als Quellen von Neutrinos hoher Energie zu benutzen: Lenkt man den Protonenstrahl auf ein Target (ein Stück Materie), so werden viele Pionen erzeugt, die im Wesentlichen in Strahlrichtung weiterfliegen und in Müonen und Neutrinos zerfallen. Die Müonen und alle anderen Teilchen lassen sich in einer mehrere Meter dicken Eisenwand absorbieren, die nur von den Neutrinos durchdrungen wird. Hinter dem Eisen wird ein Detektor für Reaktionen aufgebaut, die von den Neutrinos ausgelöst werden. Unter der Leitung von Lederman, Schwartz und Steinberger wurde 1962 in Brookhaven ein solches Experiment ausgeführt. Es zeigte, dass die aus dem Pion-Zerfall stammenden Neutrinos bei Reaktionen im Detektor Müonen erzeugten, nicht aber Elektronen. Es handelte sich also um Müon-Neutrinos ν_μ, die sich in der Tat von den Elektron-Neutrinos ν_e unterscheiden.

9.4 Das Tau-Lepton

Ein drittes geladenes Lepton, das τ, etwa 3500-mal so schwer wie das Elektron, wurde 1975 in Stanford von einer Arbeitsgruppe unter der Leitung von Perl nachgewiesen. Das Experiment fand am Speicherring SPEAR statt, einer Anlage, in der Elektronen und Positronen hoher Energie in einer großen ringförmigen evakuierten Kammer kreisen, Elektronen in der einen und Positronen in der anderen Richtung; an bestimmten Punkten kollidieren Teilchen der beiden Arten. Einer dieser Punkte war von einem Mark I genannten Detektorsystem umgeben, der die Reaktionsprodukte der Kollisionen registrierte. Besonders einfach und interessant sind Reaktionen, in denen aus der Vernichtung eines Elektron-Positron-Paares ein neues Teilchen-Antiteilchen-Paar entsteht, z.B. wieder ein Paar (e^+, e^-) (siehe rechtes Diagramm auf S. 97), ein Paar (μ^+, μ^-) oder – wie bei der jetzt geschilderten Entdeckung – ein Paar (τ^+, τ^-). Das τ-Lepton zerfällt so schnell, dass es keine eigene Spur im Detektor hinterlässt. In den einfachsten Zerfällen entstehen ein τ-Neutrino ν_τ (oder sein Antiteilchen $\bar{\nu}_\tau$) sowie ein Paar aus einem leichteren geladenen Lepton und zugehörigem Neutrino. Es kommt dann vor, dass die beiden als Paar erzeugten τ-Leptonen unterschiedlich zerfallen, also ein Elektron und ein Müon auftritt. Entscheidend für die Entdeckung war deshalb der Nachweis ungleicher Lepton-Paare, (e^-, μ^+) oder (e^+, μ^-), im Detektor; außerdem gehen bei diesen Reaktionen scheinbar Energie und Impuls verloren, weil sich die Neutrinos nicht nachweisen lassen.

9.5 Die Quark-Hypothese

Die mathematische Betrachtung der $SU(3)$-Symmetrie (vgl. Abschnitt 8.7) zeigt, dass das einfachste Multiplett nur drei Elemente hat. Unabhängig voneinander machten Gell-Mann und Zweig, ein junger Amerikaner, der bei CERN arbeitete, 1964 den Vorschlag, auch diesen Elementen Teilchen zuzuordnen, weil sich dann alle Hadronen aus ihnen zusammensetzen ließen. Beide gaben den neuen Bausteinen der Hadronen interessante Namen. Gell-Mann nannte sie *Quarks* nach einem der vielen mysteriösen Sätze («Three Quarks for Muster Mark») im Roman *Finnegans Wake* von James Joyce. Für Zweig hießen sie *aces*, also Asse, nach den wichtigen Karten in einem Spiel. Gell-Manns Bezeichnung und auch die Namen *up*, *down* und *strange* – abgekürzt *u, d* und *s* –, mit denen er die drei Teilchen unterschied, haben sich durchgesetzt. Alle Quarks sollten den Spin $\hbar/2$ tragen, also Fermionen sein. Durch Zusammenwirken der Spins der einzelnen Bausteine ergab sich der Spin eines Hadrons. So konnten Mesonen Spin 0 und Spin 1 und – bei entsprechendem Bahndrehimpuls der Quarks umeinander – auch höhere ganzzahlige Werte haben. Erlaubte Spinwerte für Baryonen waren $\hbar/2$, $3\hbar/2$ etc.

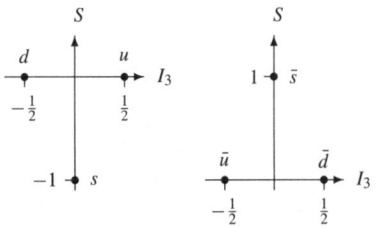

Quarks u, d, s und Antiquarks $\bar{u}, \bar{d}, \bar{s}$ als Tripletts in der (I_3, S)-Ebene

Die Situation war einfach, betrachtete man nur die Quantenzahlen I_3 und S. Ein Vergleich der Figuren auf den Seiten 92 und 87 macht deutlich, dass jedes Baryon die Summe der Quantenzahlen von drei Quarks besitzt und jedes Meson die Summe der Quantenzahlen eines Quarks und eines Antiquarks. Sollte das aber auch für die Ladungszahl Q und die Baryonzahl B gelten, so musste man den Quarks Bruchzahlen als Werte von Q und B geben. Alle Quarks erhielten $B = \frac{1}{3}$, das u-Quark die Ladungszahl $Q = \frac{2}{3}$, die Quarks d und s dagegen $Q = -\frac{1}{3}$. Auch die Antiquarks bekamen diese Werte, allerdings mit umgekehrtem Vorzeichen. Nie war ein elektrisch geladenes Objekt mit nur einem Bruchteil der Elementarladung beobachtet worden. Das änderten auch nicht viele gezielte Suchen, die ab 1964 von der Quark-Hypothese ausgelöst wurden. Ähnlich wie im 19. Jahrhundert für die Atome stellte sich nun für die Quarks die Frage: Sind sie nur mathematische Konstrukte, oder kommt ihnen physikalische Realität zu?

9.6 Die Realität der Quarks

Im Experiment erwiesen sich die Quarks mehr und mehr als reale Objekte. Wir erwähnen nur zwei Befunde dieser Art.

Am gerade fertiggestellten Elektronenbeschleuniger des Stanford Linear Accelerator Center SLAC in Kalifornien wurde Ende der 1960er Jahre unter der Leitung von Friedman, Kendall und Taylor ein Experiment ausgeführt, in dem Elektronen mit einer Energie von 20 GeV an Protonen gestreut wurden. Dabei wurden insbesondere solche Reaktionen untersucht, in denen als Ergebnis neben dem gestreuten Elektron viele Hadronen auftraten. Man fand, dass sich das gestreute Elektron so verhielt, als wäre es nicht mit einem Proton zusammengestoßen, das eine bekannte räumliche Ausdehnung hat, sondern mit einem punktförmigen Teilchen vom Spin $\hbar/2$, einem Quark.

Ebenfalls in Stanford wurde 1975 am bereits erwähnten Speicherring SPEAR mit dem Detektor Mark I die Erzeugung von Hadronen in Elektron-Positron-Kollisionen untersucht. Bei der höchsten erreichbaren Gesamtenergie von 7,4 GeV zeigte sich eine unerwartete Erscheinung: Die Hadronen flogen in zwei *Jets*, Bündeln von mehreren Teilchen etwa gleicher Richtung, vom Kollisionspunkt weg. Die beiden Jets selbst hatten entgegengesetzte Richtung. Der Winkel zwischen der Richtung der Jets und der der ursprünglichen Elektronen und Positronen zeigte genau das Verhalten, das man für die Erzeugung zweier Teilchen vom Spin $\hbar/2$ erwartete, das gleiche Verhalten, wie man es von der Erzeugung eine Müon-Paares, $e^+ + e^- \rightarrow \mu^+ + \mu^-$, aus der Quanten-Elektrodynamik und aus dem Experiment kannte. Offenbar wurde nach den gleichen Regeln ein Quark-Antiquark-Paar hoher Energie erzeugt, $e^+ + e^- \rightarrow q + \bar{q}$. Die Quarks gaben dann den Anlass zur Entstehung der beiden Jets, die die Richtung und den Impuls der Quarks widerspiegeln.

Die Bildung der Jets, die sogenannte *Hadronisierung*, erklärt sich wie folgt: Zwischen den Quarks wirkt eine Kraft, die die eigentliche Ursache der starken Wechselwirkung ist (Kapitel 10). Je weiter sich das erzeugte Quark q von seinem Partner $\bar{q}$ entfernt, umso stärker wird die Kraft zwischen beiden und umso mehr Energie wird in dem Kraftfeld zwischen ihnen gespeichert wie in einer gespannten Feder. Schließlich reicht diese Energie zur Erzeugung eines oder vieler zusätzlicher $(q, \bar{q})$-Paare aus. Aus allen Quarks und Antiquarks in dieser Betrachtung bilden sich die beobachteten Hadronen. (Da jeweils Paare von q und $\bar{q}$ erzeugt werden, bleiben auch keine ungepaarten Quarks übrig. Freie Quarks, die durch ihre drittelzahlige Ladung auffallen würden, treten nicht auf.)

9.7 Charm und weitere Quarks

Ting   Richter

In Abschnitt 8.7 erwähnten wir kurz Mesonen mit den Quantenzahlen $J^P = 1^-$; diese *Vektormesonen* bilden auch ein $SU(3)$-Multiplett wie das links in dem Diagramm auf Seite 87. Im Zentrum des Diagramms bei $I_3 = S = 0$ befinden sich drei neutrale Vektormesonen, die die Namen ρ^0, ω^0 und φ^0 tragen. Die Wellenfunktionen der beiden ersten sind quantenmechanische Überlagerungen der Quark-Konfigurationen $(u\bar{u})$ und $(d\bar{d})$, das φ^0 ist ein $(s\bar{s})$-Zustand. Diese drei Mesonen haben die Quantenzahlen eines Photons. Ihr Zerfall kann so verlaufen, dass sie sich in ein virtuelles Photon umwandeln, das dann in ein Elektron-Positron-Paar übergeht. Auch können sie in einer Elektron-Positron-Kollision direkt aus dem als Zwischenteilchen auftretenden virtuellen Photon entstehen. Im November 1974 wurde die Entdeckung eines vierten Vektormesons dieser Art bekannt gegeben. Die Gruppe von Ting hatte es in Brookhaven durch Beschuss eines Targets mit Protonen erzeugt und über seinen Zerfall in ein Elektron und ein Positron nachgewiesen; sie nannte das neue Meson J. Die Gruppe um Richter am Mark-I-Detektor in Stanford erzeugte es in Elektron-Positron-Kollisionen, wies es über den Zerfall in Hadronen nach und gab ihm den Namen ψ. Es hat die für ein Meson unerwartet große Masse von $3,1\,\text{GeV}/c^2$ und heißt jetzt J/ψ.

Eine Erklärung für diese Entdeckung lag schon bereit. Es gibt ein viertes Quark, das *charm*-Quark c, mit einer weiteren, der Seltsamkeit analogen Quantenzahl, dem *charm* C, und der Ladungszahl $Q = \frac{2}{3}$. Das J/ψ-Meson ist ein Zustand der Form $(c\bar{c})$. Der Name «charm» taucht schon 1964 in einer Arbeit von Bjorken und Glashow auf. Glashow zeigte 1970 mit Iliopoulos und Maiani, dass Schwierigkeiten in der Theorie der schwachen Wechselwirkung vermieden werden, wenn es Paare von Quarks mit $Q = \frac{2}{3}$ und $Q = -\frac{1}{3}$ gibt, also (u, d) und (c, s), die dann den Paaren von Leptonen (e^-, ν_e) und (μ^-, ν_μ) entsprechen. Man spricht von zwei *Generationen* von Leptonen und Quarks. Die dritte Lepton-Generation (τ^-, ν_τ) bilden das τ und sein Neutrino. Die zugehörigen Quarks (t, b) erhielten die Namen *top* und *bottom*. Beide wurden im Fermi-Laboratorium bei Chicago entdeckt. Eine Gruppe unter Lederman fand dort 1974 das b-Quark. Das t-Quark mit der sehr großen Masse von ca. $174\,\text{GeV}/c^2$ konnte erst 1995 beobachtet werden. Die unterschiedlichen, durch die Symbole u, d, c, s, t, b bezeichneten Eigenschaften werden als die verschiedenen *flavors* (Geschmacksrichtungen, Aromen) der Quarks bezeichnet.

10 Eich-Bosonen – die Träger der Kräfte

Die Quanten-Elektrodynamik (Abschnitt 6.7) beschreibt die elektromagnetische Wechselwirkung zwischen Elektronen und Photonen. Sie diente als Vorbild für Theorien der sogenannten elektroschwachen und der starken Wechselwirkung, die erfolgreich im Experiment überprüft wurden. Zusammen bilden sie die gegenwärtige Theorie der Elementarteilchen, für die sich ein wenig aussagekräftiger Name eingebürgert hat: das *Standard-Modell*.

10.1 Das Photon als Eich-Boson

Die Beachtung von Symmetrien physikalischer Gesetze hat sich oft als fruchtbar erwiesen. Die 1919 von Weyl sogenannte *Eich-Invarianz* ist eine dieser Symmetrien. Sie beschreibt die Unabhängigkeit einer Theorie von Größen, die in vorgegebenem Rahmen frei gewählt werden können. So lässt sich in einem Vorgang der klassischen Mechanik zur potentiellen Energie $V(x)$ an jedem Ort x eine beliebige Konstante addieren, ohne dass der Vorgang sich ändert. Die Wahl der Konstanten ist eine «Eichung». Für die Dirac-Gleichung gilt Folgendes: Es ändert sich nichts, wenn die Wellenfunktion eines Elektrons $\Psi(x)$ (technisch ein Spinor) an jedem Raum-Zeit-Punkt x mit dem gleichen Phasenfaktor multipliziert wird; man spricht von *globaler* Eich-Invarianz. Es tritt zwar eine Änderung ein, wenn man zulässt, dass der Phasenfaktor x-abhängig ist, doch lässt diese sich exakt mit der Einführung eines zusätzlichen Feldes, dem des Photons, kompensieren. Das Photon stellt die *lokale* Eich-Invarianz der Theorie sicher. Es hat den Spin $\hbar$, ist also ein Boson, und heißt das *Eich-Boson* der Theorie.

Ein Photon wechselwirkt nur mit geladenen Fermionen, nicht aber mit einem Photon. Schon 1954 untersuchten Yang und Mills in Brookhaven, seinerzeit auf die starke Wechselwirkung zielend, eine Theorie, die auch eine Wechselwirkung zwischen Eich-Bosonen zuließ. Solche *Yang-Mills-Theorien* wurden wegweisend, insbesondere als 't Hooft und Veltman 1971/72 in den Niederlanden die Möglichkeit ihrer Renormierung (vgl. S. 68) nachweisen konnten.

10.2 Die vereinheitlichte elektroschwache Wechselwirkung

Die elektromagnetische und die schwache Wechselwirkung werden heute in einer einheitlichen Theorie beschrieben, die nach drei ihrer Autoren auch Glashow-Salam-Weinberg-Theorie heißt. Wir skizzieren einige Stationen ihrer Entwicklung.

Im Jahr 1957, unmittelbar nach dem Sturz der Parität, erklärten Lee und Yang, Neutrinos hätten stets eine Spinrichtung entgegengesetzt zu ihrer Flugrichtung. Das bedeutet, der Spin entspricht einer Drehung gegen den Uhrzeigersinn, wenn man in Flugrichtung schaut. Man sagt, das Neutrino ist *linkshändig* und, ganz entsprechend, das Antineutrino *rechtshändig*.

Glashow (links) und Salam

Weinberg

Noch im gleichen Jahr schlug Schwinger ein Triplett aus dem masselosen, neutralen Photon γ und zwei geladenen schweren Bosonen W^+ und W^- vor, das sowohl die elektromagnetische wie die schwache Wechselwirkung vermitteln sollte. Er betonte, die lange Zeitskala, also die «Schwäche» der schwachen Wechselwirkung, werde dadurch erklärt, dass Bosonen mit Masse als virtuelle Austauschteilchen und mithin als Propagatoren in Feynman-Diagrammen aufträten. Glashow, der bei Schwinger promoviert hatte, entwickelte 1960 eine Theorie, die wie die endgültige noch ein zusätzliches neutrales schweres Boson verlangte. Allerdings besaß sie wegen der Masse der Bosonen keine Eich-Invarianz.

Higgs fand 1964 in Edinburgh einen Weg, Eichtheorien mit massiven Bosonen zu konstruieren. Voraussetzung ist die Existenz eines zusätzlichen Teilchens ohne Spin, des heute so genannten *Higgs-Bosons*. Als einziges Teilchen des Standard-Modells wurde es bisher nicht beobachtet. Man nimmt an, dass es an früheren Beschleunigern wegen seiner wahrscheinlich sehr hohen Masse nicht erzeugt werden konnte. Die Suche nach ihm gehört zum Forschungsprogramm des 2009 am CERN in Betrieb genommenen Proton-Proton-Speicherrings LHC, mit dem Gesamtenergien von bis zu 14 000 GeV erreicht werden können.

Ihre endgültige Form erhielt die elektroschwache Theorie 1967 durch Weinberg, der zu der Zeit am Massachusetts Institute of Technology (MIT) arbeitete, und, davon unabhängig, durch Salam und Ward in London. Weinberg betrachtete die Wellenfunktion des Elektrons als quantenmechanische Überlagerung eines linkshändigen und eines rechtshändigen Anteils, e_L^- und e_R^-. Aus e_L^- und dem nur linkshändigen Neutrino ν_e bildete er ein Dublett im Sinne der Isospin-Dubletts von Hadronen oder Quarks, das wie diese einer $SU(2)$-Symmetrie folgt. Das e_R^- blieb für sich; es folgt der trivialen Symmetrie $U(1)$. Aus der ersten Symmetrie erhält man ein Triplett aus einem positiv, einem negativ und einem nicht geladenen Boson, aus der zweiten ein weiteres neutrales Boson. Die geladenen entsprechen den W-Bosonen W^+, W^- (siehe rechtes Diagramm auf S. 90). Aus den beiden neutralen werden durch quantenmechanische Überlagerung oder, wie man auch einfach sagt, *Mischung* das Photon γ und ein weiteres schweres Boson, das Z^0. Die Art der Kopplungen dieser Bosonen mit Leptonen liegt genau fest. Die W-Bosonen koppeln an Paare aus einem geladenen Lepton und zugehörigem Neutrino (z. B. an e^-, $\bar{\nu}_e$), das Z^0 an alle Lepton-Antilepton-Paare (z. B. an e^+, e^- und ν_e, $\bar{\nu}_e$), das Photon nur an geladene Lepton-Antilepton-Paare. Hinzu kommt noch die Kopplung der Bosonen untereinander. Das Photon und das Z^0 können an ein (W^+, W^-)-Paar koppeln. Damit ist die elektroschwache Wechselwirkung von Leptonen vollständig beschrieben.

Bei Hadronen greift diese Wechselwirkung an den Quarks an, aus denen sie bestehen. So kann z. B. beim Zerfall eines Hadrons ein Quark mit der Ladungszahl $Q = \frac{2}{3}$ in eines mit $Q = -\frac{1}{3}$ und ein W^+-Boson übergehen und Letzteres dann entweder in ein anderes Paar von Quarks oder ein Paar von Leptonen. Durch Emission oder Absorption eines W-Bosons ändert ein Quark mit der Ladung auch seine «flavor»-Eigenschaft. So erklärt sich etwa die Änderung der Seltsamkeit S beim schwachen Zerfall von «seltsamen» Teilchen. Im Verhalten der Quarks gibt es eine Besonderheit, die 1973 von Kobayashi und Maskawa in Kyoto aufgedeckt wurde. Bei den Quarks d, s und b, die die Ladungszahl $Q = -\frac{1}{3}$ tragen, treten deren Wellenfunktionen nicht einzeln auf, sondern in bestimmten Mischungen voneinander. Kobayashi und Maskawa konnten eine interessante, im Experiment beobachtete Asymmetrie zwischen Teilchen und Antiteilchen beschreiben, wenn sie solche Mischungen und drei Generationen von Quarks in ihrer Theorie zuließen. Zu dieser Zeit waren erst drei Quarks und vier Leptonen bekannt. Wie in Kap. 9 dargestellt, existieren tatsächlich je sechs Leptonen und Quarks.

10.3 Nachweis der schweren Bosonen *W* und *Z*

Zur direkten Erzeugung schwerer Bosonen im Labor wurde Mitte der 1970er Jahre ein riesiger Elektron-Positron-Speicherring am CERN geplant. Damit wurden von 1989 an Z-Bosonen in der Reaktion $e^+ + e^- \rightarrow Z^0$ und ab 1996 W-Bosonen im Prozess $e^+ + e^- \rightarrow W^+ + W^-$ produziert und exakt vermessen. Die Boson-Massen sind $M_Z = 91,2\,\text{GeV}/c^2$ und $M_W = 80,4\,\text{GeV}/c^2$. Aus der Breite, d. h. der Massenunschärfe, des Z^0 ließ sich schließen, dass bei den möglichen Zerfällen des Z^0 solche in die Neutrino-Paare $(\nu_e, \bar{\nu}_e)$, $(\nu_\mu, \bar{\nu}_\mu)$ und $(\nu_\tau, \bar{\nu}_\tau)$ auftreten. Über die bekannten drei Generationen hinaus existiert offensichtlich keine weitere; sonst hätte sich deren Neutrino in dieser Messung offenbart.

Die schweren Bosonen wurden aber erstmals bereits 1983 am CERN nachgewiesen, nachdem ein dort kurz zuvor gebauter großer Protonenbeschleuniger zu einem Proton-Antiproton-Speicherring umgebaut worden war. Der Vorschlag dazu wurde 1976 von Rubbia gemacht und dank einer Erfindung von van der Meer realisiert, mit der es gelang, die nur in relativ geringer Zahl erzeugbaren Antiprotonen zu sammeln und in den großen Beschleuniger einzuspeisen. Damit konnten Protonen und Antiprotonen zur Kollision gebracht werden, die jeweils eine Energie von 270 GeV hatten. Das Ziel war die Erzeugung eines schweren Bosons durch Stoß eines Quarks des Protons mit einem entsprechenden Antiquark des Antiprotons, z. B. $u + \bar{u} \to Z^0$ oder $d + \bar{u} \to W^-$. Die restlichen Quarks bewirken die Erzeugung von Hadronen, die in etwa die Flugrichtungen des ursprünglichen Protons bzw. Antiprotons (man spricht von der Strahlrichtung) hatten. Bei den Zerfällen der Bosonen, z. B. $Z^0 \to e^+ + e^-$ oder $W^- \to e^- + \bar{\nu}_e$, treten Leptonen hoher Energie auf, deren Flugrichtung stark von der Strahlrichtung abweicht. Zwei Forschergruppen mit großen Detektoren, eine davon unter Rubbias Leitung, konnten so die Erzeugung und den Zerfall der W- und Z-Bosonen nachweisen.

10.4 Quanten-Chromodynamik – die Quarks werden farbig

Den Anstoß zur Schaffung der jetzigen Theorie der starken Wechselwirkung gab ein scheinbar kleinerer Schönheitsfehler der ursprünglichen Quark-Hypothese. Einige Baryonen bestehen aus drei gleichartigen Quarks mit gleichartig ausgerichteten Spins. Ein Beispiel ist das in Abschnitt 8.7 erwähnte Ω^-. Es ist ein aus drei s-Quarks zusammengesetztes Fermion. Seine Wellenfunktion muss sich entsprechend der Fermi-Dirac-Statistik ändern, wenn zwei seiner Bestandteile vertauscht werden; das ist wegen deren Identität aber nicht möglich. Als Ausweg postulierte Greenberg in Princeton bereits 1964 eine neue Art von Statistik für die Quarks.

Einen anderen Weg beschritten Han und Nambu, die an den Universitäten in Syracuse (Staat New York) bzw. Chicago arbeiteten. Sie schrieben den Quarks eine zusätzliche Eigenschaft, genannt *color* oder *Farbe*, zu, die sie unterscheidbar machte. Diese «Farbe» ist natürlich nicht sichtbar; der Name rührt daher, dass die Eigenschaft in drei Formen auftritt, die «rot», «grün» und «blau», abgekürzt r, g und b, genannt werden. Jedes Quark kann jede Farbe tragen, jedes Antiquark jede der drei Komplementär- oder Antifarben $\bar{r}$, $\bar{g}$, $\bar{b}$. Die drei Farben sollten der gleichen Art von Symmetrie gehorchen wie die drei «flavors» der kurz zuvor eingeführten Quarks u, d, s; sie wird heute als $SU(3)_c$ bezeichnet; der Index steht für «color». Hadronen sind Singuletts unter dieser Symmetrie: Die beiden Quarks in einem Meson tragen stets eine Farbe und die entsprechende Antifarbe, jedes der drei Quarks eines Baryons trägt eine andere Farbe. Damit sind alle Hadronen «weiß» oder «farblos».

Gell-Mann entwickelte 1972 am CERN gemeinsam mit dem aus Leipzig stammenden und nach München geflohenen jungen Theoretiker Fritzsch eine Theorie der Kräfte zwischen den Quarks, die sie später, in Anspielung auf die Quanten-Elektrodynamik und das griechische Wort für Farbe, die *Quanten-Chromodynamik* (QCD) nannten. Die Eich-Bosonen der Theorie, die 1973 mit Leutwyler aus Bern weiter ausgeführt wurde, sind masselos. Gell-Mann nannte sie *Gluonen* (nach glue: Klebstoff). Sie tragen selbst Farbe; es gibt deshalb auch Wechselwirkungen unter Gluonen. Zwischen den Quarks eines Hadrons werden dauernd Gluonen ausgetauscht; dabei wechseln die Quarks ihre Farbe, während das Hadron selbst farblos bleibt. Diese Verbindung der Quarks zu Hadronen stellt die eigentliche starke Wechselwirkung dar; die Bindung von Nukleonen im Atomkern, die natürlich auch durch Gluon-Austausch bewirkt wird, ist gewissermaßen ein sekundärer Effekt.

Fritzsch (links) und Gell-Mann

An die Stelle der elektromagnetischen Kopplungskonstante α der QED tritt in der QCD die *starke Kopplungskonstante* α_S. Soll die Störungsrechnung (Abschnitt 6.7) brauchbare Ergebnisse liefern, muss α_S kleiner als 1 sein. Weil nun aber nicht nur die Quarks, sondern auch die Gluonen Farbe tragen, bewirkt die Vakuumpolarisation nicht eine Abschirmung der Farbladung mit wachsendem Abstand, sondern eine Verstärkung entsprechend einer Zunahme von α_S. Wie in Abschnitt 6.7 können wir statt von kleinem Abstand von großem Impulsübertrag q^2 zwischen Stoßpartnern sprechen. Damit ist auch α_S eine *gleitende* Kopplungskonstante; im Gegensatz zu α nimmt ihr Wert mit wachsendem Impulsübertrag ab. Tatsächlich konnten 1973 Gross und Wilczek in Princeton und, unabhängig davon, Politzer in Harvard nachweisen, dass α_S gegen null geht, wenn q^2 gegen unendlich strebt. Diese erstaunliche Eigenschaft nennt man *asymptotische Freiheit*. Bei sehr kleinem Abstand voneinander oder wenn sie sehr «hart» angestoßen werden, verhalten sich Quarks also beinahe so, als wären sie freie Teilchen. Umgekehrt ist bei großem Abstand die Kopplung so groß, dass die Störungsrechnung versagt. Andernfalls könnte man die Massen der aus gebundenen Quarks bestehenden Hadronen mithilfe der QCD so berechnen wie die Energien eines an einen Atomkern gebundenen Elektrons.

10.5 Entdeckung des Gluons

Am Forschungszentrum Deutsches Elektronensynchrotron (DESY) in Hamburg entstand von 1975 an der seinerzeit weltweit größte Elektron-Positron-Speicherring mit dem Namen PETRA. An vier Stellen konnten Elektronen und Positronen mit einer Gesamtenergie von bis zu 46,8 GeV aufeinanderstoßen. Große Detektoren mit den Bezeichnungen JADE, Mark J, PLUTO und TASSO, die von international zusammengesetzten Forschergruppen entwickelt und betrieben wurden, umgaben diese Punkte und registrierten die erzeugten Teilchen. Bereits im Sommer 1979 gelang es diesen Gruppen, die Existenz des Gluons zweifelsfrei nachzuweisen.

Bei der Vernichtung von Elektron und Positron entsteht ein Paar geladener Leptonen oder ein Paar aus Quark und Antiquark. Für Energien ab etwa 6 GeV geben Letztere Anlass zu Bildung deutlich ausgeprägter Jets aus Hadronen (Abschnitt 9.6). Während Quark und Antiquark voneinander wegfliegen, wirkt die mit dem Abstand wachsende Farbkraft zwischen ihnen. Dadurch kommt es zur Abstrahlung von Gluonen. Bei hinreichend hohen Energien strahlt eines der beiden Quarks gelegentlich ein einzelnes energiereiches Gluon ab, das einen eigenen Jet bildet. Alle vier Arbeitsgruppen bei PETRA konnten solche Ereignisse

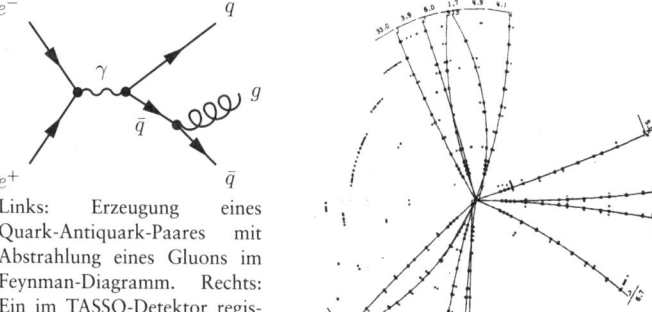

Links: Erzeugung eines Quark-Antiquark-Paares mit Abstrahlung eines Gluons im Feynman-Diagramm. Rechts: Ein im TASSO-Detektor registriertes Ereignis mit 3 Jets, die von Quark, Antiquark und Gluon ausgelöst wurden.

mit drei Jets nachweisen, deren Eigenschaften den Vorhersagen der QCD genau entsprechen.

11 Kondensierte Materie

Kondensierte Materie, also eine Flüssigkeit oder ein fester Körper, besteht aus einer Vielzahl eng benachbarter Atome oder Moleküle. Mit der Kenntnis vom Aufbau der Atome und mit der Entwicklung der Quantenmechanik war der Weg geebnet zum Verständnis der vielfältigen Eigenschaften dieser Form der Materie. Wir können nur wenig davon herausgreifen und wählen die elektrische Leitung in Festkörpern und deren magnetische Eigenschaften und diskutieren die Bose-Einstein-Kondensation.

11.1 Leiter, Nichtleiter, Halbleiter

In Abschnitt 1.6 sahen wir, dass in einer Lösung der elektrische Strom, also der Transport von Ladung, auch mit dem Transport von Masse verbunden ist. Ionen, geladene Atome oder Moleküle, bewegen sich durch die Flüssigkeit. Bei einem Festkörper, etwa einem Kupferdraht, kann das nicht der Fall sein, weil sich dessen Atome nicht gegeneinander verschieben, wenn Strom fließt. Trotzdem sind die Metalle gute *Leiter*. Andere Stoffe, z. B. Porzellan, Glas oder viele Kunststoffe, sind *Nichtleiter*; ihre Leitfähigkeit ist typischerweise um den Faktor 10^{-20} geringer als die von guten Leitern. Dieser Unterschied ist eine der Grundlagen für die bequeme technische Nutzung der Elektrizität.

Nicht lange nach der Entdeckung des Elektrons publizierte Drude in Gießen eine Arbeit «Zur Elektronentheorie der Metalle». Er nahm an, Elektronen seien im Metall frei beweglich und bildeten dort eine Art von Gas, für das die Gesetze der Boltzmann-Statistik gelten. Existiert ein elektrisches Feld, so bewegen sich die Elektronen zwar weiter weitgehend ungeordnet, bilden aber eine Vorzugsrichtung. Mit dieser Annahme konnte er die Leitfähigkeit in etwa beschreiben. Sommerfeld gelang 1927 eine genauere Rechnung, weil er die im Jahr zuvor entwickelte Fermi-Dirac-Statistik verwandte.

Bloch

Warum ließen sich Elektronen in einem Metall als freie Teilchen betrachten? Diese Frage stellte Heisenberg Anfang 1928 Bloch, seinem ersten Doktoranden, in Leipzig als Thema für dessen Dissertation. Bloch, der vorher in seiner Heimatstadt Zürich studiert hatte, beschrieb einen Kristall durch ein sich periodisch wiederholendes, den ganzen Raum erfüllendes Potential und betrachtete darin die Schrödinger-Gleichung für ein Elektron. Dessen Wellenfunktion stellte sich selbst als periodisch heraus. Das Elektron konnte mithin den Kristall durchdringen, der zunächst gar keinen elektrischen Widerstand zu besitzen schien. Bloch führte den Widerstand auf Unregelmäßigkeiten im Kristallaufbau und besonders auf die Temperaturbewegung der Atome zurück.

Peierls, einem weiteren Leipziger Doktoranden, stellte Heisenberg die Aufgabe, den sogenannten *anomalen Hall-Effekt* aufzuklären, bei dem in manchen Festkörpern offenbar positive Ladungsträger den Stromtransport bewirken. Bloch hatte festgestellt, dass der Zusammenhang zwischen Energie und Impuls für ein Elektron im Kristall nicht der gleiche ist wie für ein freies Elektron. Will man das Elektron weiter formal wie ein freies Teilchen behandeln, so muss man ihm eine sogenannte *effektive Masse* zuordnen, die selbst von der Energie abhängt. Peierls fand, dass für ein Elektron im Kristall nur bestimmte Energiebereiche zugänglich sind, die später *Energiebänder* genannt wurden. Sind sämtliche Zustände eines Bandes mit Elektronen besetzt, so kann keinerlei Verschiebung stattfinden; diese Elektronen können keinen Strom bewirken. Ebenso trägt ein völlig unbesetztes Band nicht zum Strom bei. Innerhalb eines Bandes ändert die effektive Masse des Elektrons nicht nur ihren Betrag; für die höchsten Energien wird sie sogar negativ. Dadurch wirkt ein äußeres elektrisches Feld auf die Elektronen in einem gering besetzten Band so, als handle es sich um freie negative Ladungen. Auf die wenigen noch verschiebbaren Elektronen hoher Energie in einem fast voll besetzten Band wirkt es jedoch in Gegenrichtung. Im letzteren Fall entsteht der Eindruck, es bewegten sich positive Ladungen (mit positiver Masse) im Feld. Sie entsprechen den Leerstellen der Elektronen im Band und werden als *Löcher* bezeichnet. Peierls Arbeiten erschienen 1929/30.

Das *Bändermodell*, heute Grundlage der Halbleiterelektronik, wurde Anfang 1931 von Wilson, einem jungen Engländer, der in Cambridge promoviert hatte, ebenfalls in Leipzig entwickelt. Er stellte fest, dass die Anzahl der verschiedenen Energiezustände in einem Band gleich der Anzahl der Atome im Kristall ist. Wegen des Pauli-Prinzips kann jeder Zustand doppelt besetzt sein. Wilson sah sofort eine einfache Möglichkeit, zwischen Isolatoren und Leitern zu unterscheiden: Jedes Atom hat Z Elektronen. Ist Z gerade, so können die Bänder niedrigster Energie voll besetzt und alle höheren unbesetzt sein; der Kristall ist ein Nichtleiter. Ist aber Z ungerade, so gibt es ein halbvolles Band; der Kristall leitet. Allerdings gibt es viele Metalle mit geradem Z. Wilson erkannte, dass zwei oder mehr Bänder überlappen und so Platz für $4Z, 6Z, \ldots$ Elektronen bieten können. Damit sind auch Metalle mit geradem Z möglich, die klare

Unterscheidung zwischen Nichtleitern und Leitern bleibt aber erhalten. Erstere haben nur volle oder leere Bänder, Letztere ein zu einem deutlichen Teil gefülltes Band, das *Leitungsband*.

Eine Stellung zwischen Leiter und Isolator nehmen die *Halbleiter* ein mit einer geringen, aber doch deutlichen Leitfähigkeit. Es gab die Ansicht, sie seien vielleicht durch Fremdatome verunreinigte Nichtleiter. Wilson ergänzte sein Modell des Isolators durch Einschluss von einzelnen Atomen, die er *Donatoren* nannte. Hier ein Beispiel: Das Siliziumatom hat vier äußere Elektronen. Ein Phosphoratom hingegen hat fünf und gibt deshalb, eingebaut in einen Silizium-Kristall, leicht ein Elektron ab. Das Silizium wird *n-leitend*, weil solche Elektronen in einem ursprünglich unbesetzten *Leitungsband* negative Ladungsträger bilden. Man kann aber auch *Akzeptoren* einbauen, z. B. Boratome mit drei äußeren Elektronen. Diese binden leicht ein Elektron aus dem ursprünglich voll besetzten *Valenzband*. Die so entstehenden Löcher wirken wie positive Ladungsträger und machen das Silizium *p-leitend*.

11.2 Supraleiter

Kamerlingh Onnes, Professor an der Universität Leiden, gelang es 1908, das Edelgas Helium zu verflüssigen und damit zu bis dahin unerreicht niedrigen Temperaturen vorzudringen. Der Siedepunkt von Helium bei Normaldruck ist 4,2 Kelvin. Durch Änderung des Drucks über der Flüssigkeit lässt sich die Temperatur in gewissen Grenzen variieren. Onnes untersuchte die Leitfähigkeit von Metallen bei diesen Temperaturen und entdeckte 1911, dass Quecksilber unterhalb von 4,2 Kelvin seinen elektrischen Widerstand völlig verliert und, wie er es nannte, *supraleitend* wird. Auch andere metallische Elemente werden supraleitend, und zwar bei einer Sprungtemperatur von jeweils nur wenigen Kelvin. Meißner und Ochsenfeld entdeckten 1933 in Berlin eine weitere Eigenschaft des Supraleiters: In einem Magnetfeld bis unter die Sprungtemperatur abgekühlt, verdrängt er das Feld vollständig aus seinem Inneren. Das geschieht durch einen an seiner Oberfläche fließenden Strom, der das äußere Feld kompensiert. Die aus Deutschland nach Oxford emigrierten Brüder Fritz und Heinz London fanden 1934 eine Gleichung, die diesen Strom mit dem Magnetfeld verknüpft. Die *London-Gleichung* tritt für Supraleiter an die Stelle des Ohmschen Gesetzes, das für gewöhnliche Leiter gilt. Fritz London, inzwischen an der Purdue University in Indiana, untersuchte 1948 die Quantenmechanik eines einzelnen, in einem ringförmigen Supraleiter kreisenden Elektrons. Der von ihm hervorgerufene magnetische Fluss ist gequantelt. Sein kleinster Wert ist das *Flussquant* $\Phi_0 = h/e$.

Erst 1957 gelang Bardeen, Cooper und Schrieffer an der Universität von Illinois in Urbana die Entwicklung einer befriedigenden Theorie der Supraleitung, die die Wechselwirkungen der Elektronen untereinander und mit dem Kristallgitter berücksichtigt. Darin treten die Elektronen zu zweit, als sogenannte *Cooper-Paare*, auf, die trotz gleicher Ladung und nahezu entgegengesetzter Geschwindigkeit Bindungen eingehen. Ein System solcher Paare kann sich als Ganzes ohne Streuung, also widerstandsfrei, durch den Kristall bewegen. Elektrischer Widerstand tritt erst bei einer Temperatur auf, bei der diese Bindungen aufgebrochen werden. Die Existenz der Paare wurde 1961 experimentell von Doll und Näbauer an einem Institut der Bayerischen Akademie der Wissenschaften und von Deaver und Fairbank in Stanford nachgewiesen. Sie maßen Flussquanten, die der zweifachen Elementarladung und damit einem Paar von Elektronen entsprachen.

Bednorz und Müller entdeckten 1986 am Forschungslabor der IBM in Rüschlikon Supraleitung mit einer Sprungtemperatur von 35 Kelvin in einer Keramik, die aus Lanthan, Barium, Kupfer und Sauerstoff besteht und die Kristalle mit wohldefinierten Vorzugsebenen ausbildet. Heute sind sogenannte Hochtemperatur-Supraleiter mit Sprungtemperaturen von über 100 Kelvin bekannt. Ihre vollständige theoretische Beschreibung steht noch aus.

11.3 Magnetismus

Materie enthält winzige Magnete in Form der magnetischen Momente ihrer Bausteine. Jedes Elektron besitzt das an seinen Spin geknüpfte Moment. Hat das Elektron innerhalb eines Atoms einen Bahndrehimpuls, kommt ein weiteres magnetisches Moment hinzu. (Auch die Bausteine der Atomkerne tragen magnetische Momente, die allerdings um etwa ein Tausendstel kleiner sind.) In *diamagnetischen* Atomen kompensieren sich die Momente der Elektronen zu null, bei *paramagnetischen* verbleibt ein resultierendes Moment. Die Summe der magnetischen Momente pro Volumeneinheit heißt *Magnetisierung*. Sie hängt von dem Magnetfeld ab, in dem sich das Material befindet. Ohne äußeres Feld verschwindet sie für fast jedes Material, weil auch bei paramagnetischen Atomen die Ausrichtung der Momente ungeordnet ist. Im Feld verändern sich die quantenmechanischen Zustände der Atome; diamagnetische Atome entwickeln Momente antiparallel zur Feldrichtung. Bei paramagnetischen Atomen richten sich die Momente parallel oder antiparallel zum äußeren Feld aus; dabei ist die parallele Ausrichtung bevorzugt. Auch diese Atome zeigen übrigens diamagnetische Magnetisierung; es überwiegt jedoch die paramagnetische. Einige Substanzen wie z. B. Eisen, Kobalt oder Nickel können auch ohne äußeres Feld magnetisiert sein. Sie heißen dann *ferromagnetisch*. Die Magnetisierung ist eine rein quantenmechanische Erscheinung mit vielen Aspekten, von denen wir nur einige kurz erwähnen.

Schon 1927 benutzte Pauli die kurz vorher entwickelte Fermi-Dirac-Statistik, um den Paramagnetismus des freien Elektronengases zu berechnen, also die Magnetisierung, die durch den Spin freier Elektronen bewirkt wird. Landau, ein junger russischer Physiker, untersuchte 1930 in Cambridge die Bewegung freier Elektronen in einem homogenen Magnetfeld. Durch sie entsteht ein Diamagnetismus, der dem Pauli-Paramagnetismus entgegengerichtet ist und genau ein Drittel von dessen Größe hat. Klassisch beschrieben, durchläuft ein Elektron in der Ebene

senkrecht zum Feld eine Kreisbahn und besitzt damit Rotations-
energie. Quantenmechanisch sind nur bestimmte feste Energie-
werte möglich, die *Landau-Niveaus*. Ein Landau-Niveau kann
von vielen Elektronen besetzt sein, wenn diese sich an verschiedenen Orten der Fläche befinden. Ihre maximale Anzahl N pro
Flächeneinheit ist durch das Magnetfeld und die Größe der Fläche genau festgelegt: Denkt man sich den magnetischen Fluss
durch die Flächeneinheit aus einzelnen Flussquanten $\Phi_0 = h/e$
zusammengesetzt, so ist N gerade gleich der Zahl der Flussquanten. Heisenberg konnte 1928 den Ferromagnetismus erklären, indem er die gemeinsame Wellenfunktion von benachbar-
ten Atomen mit magnetischen Momenten betrachtete und die
in Abschnitt 6.5 besprochene «Austauschkraft» berücksichtig-
te.

11.4 Leitung im Magnetfeld

Für seine Dissertation an der Johns-Hopkins-Universität in Bal-
timore untersuchte Hall 1879 die Wirkung eines Stromes I
durch ein dünnes, längliches Goldblättchen. Entlang des Blättchens waren beidseitig Anschlüsse angebracht. Senkrecht zu seiner Fläche und zur Stromrichtung wirkte ein Magnetfeld. Hall
beobachtete nicht nur den nach dem Ohmschen Gesetz erwarteten Spannungsabfall U längs des Blättchens, sondern auch eine
weitere Spannung U_H quer dazu.

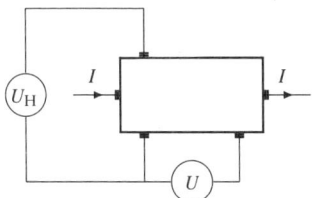

Hall-Probe mit Anschlüssen zur
Durchleitung des Stromes I sowie
zur Messung des Spannungsabfalls
U und der Hall-Spannung U_H. Das
Magnetfeld steht senkrecht zur
Zeichenebene.

Dieser normale *Hall-Effekt* ist rasch erklärt: Die Leitungs-
elektronen werden senkrecht zu ihrer Bewegungsrichtung und
zum Magnetfeld abgelenkt. Ihre Anzahl wächst auf einer und
sinkt auf der anderen Seite der Probe. Dadurch entsteht die

Hall-Spannung. Man kann formal den *Hall-Widerstand* $R_H = U_H/I$ bilden. Er ist proportional zum Feld B und umgekehrt proportional zum Produkt aus Ladung q und Anzahldichte n der Ladungsträger, $R_H = B/qn$. Aus dem Vorzeichen der Hall-Spannung lässt sich das Vorzeichen der Ladung q bestimmen; im oben (Abschnitt 11.1) erwähnten anomalen Hall-Effekt, der durch Löcher-Leitung erklärt wird, ist q positiv.

Von Klitzing, seinerzeit an der Universität Würzburg tätig, untersuchte 1980 den Hall-Effekt in einer besonderen Halbleiter-Probe bei extrem niedriger Temperatur am Hochfeld-Magnetlabor in Grenoble und entdeckte dabei den *Quanten-Hall-Effekt.* In der Probe konnte durch ein äußeres elektrisches Feld eine dünne *n*-leitende Schicht mit variabler Ladungsträgerdichte erzeugt werden. Aufgetragen bei festem Magnetfeld als Funktion der Ladungsträgerdichte, zeigte der Hall-Widerstand nicht den nach der obigen Diskussion erwarteten glatten Verlauf, sondern ausgeprägte Stufen, Abschnitte, in denen R_H unabhängig von n war, bis der Übergang zur nächsten Stufe einsetzte.

Von Klitzing fand für die Werte auf diesen Stufen die Beziehung $R_H = (1/\nu)(h/e^2)$. Dabei ist $\nu = 1, 2, \ldots$ eine natürliche Zahl. Sie erlaubt es, die Einheit des Widerstandes, das *Ohm*, direkt mit den beiden Naturkonstanten h und e zu verknüpfen. Die Elektronen bilden ein «zweidimensionales Gas» in der dünnen Halbleiterschicht, weil bei der niedrigen Temperatur für die quantenmechanischen Zustände keine Bewegungs-

von Klitzing

freiheit in Richtung der Schichtdicke bleibt. Bei ganzzahligen Werten von ν entfallen genau ν Elektronen auf jedes Flussquant in der Probe. Damit können die niedrigsten ν Landau-Niveaus voll besetzt und alle anderen leer bleiben. Aus diesem Verhalten ergibt sich die von von Klitzing beobachtete Quantisierung. Tsui, Störmer und Gossard beobachteten Ende 1981 in den Bell-Laboratorien in Murray-Hill den sogenannten *fraktionalen* Quanten-Hall-Effekt, d. h. Stufen auch für Werte von ν, die einfache Bruchzahlen sind, etwa $\nu = \frac{1}{3}$. Die Theorie der Quanten-

Hall-Effekte wurde besonders von Laughlin vorangetrieben; sie ist nach wie vor Gegenstand der Forschung.

Auch der aus dem Ohmschen Gesetz bekannte Längswiderstand $R = U/I$ hängt grundsätzlich vom Magnetfeld ab; denn wie Mott in Bristol schon 1936 in einer quantenmechanischen Rechnung zeigte, hängt die Streuung eines den Strom tragenden Elektrons an einem Atom des Leiters davon ab, ob die Spins dieser beiden Objekte parallel oder antiparallel zueinander ausgerichtet sind. Allerdings ist dieser Effekt im Allgemeinen sehr klein. Unabhängig voneinander entwickelten 1988 die Gruppen von Grünberg am Forschungszentrum Jülich und Fert an der Universität Paris in Orsay Schichtstrukturen, die den von Fert sogenannten *Riesenmagnetowiderstand* zeigen. Im einfachsten Fall sind zwei ferromagnetische Schichten durch eine sehr dünne Schicht eines nicht magnetischen Leiters getrennt. Der Widerstand der Anordnung ist bei paralleler Magnetisierung der ferromagnetischen Schichten erheblich geringer als bei entgegengesetzter. Durch Einsatz des Effektes in den Lese- und Schreibköpfen von Computerfestplatten konnte deren Beschreibungsdichte stark erhöht werden.

11.5 Bose-Einstein-Kondensation

In Abschnitt 3.8 erwähnten wir eine theoretische Vorhersage Einsteins aus dem Jahr 1925. Aufgrund der von Bose und ihm entwickelten Statistik sollten die Teilchen eines Gases unterhalb einer kritischen Temperatur T_c beginnen, in einen gemeinsamen Zustand niedrigster Energie überzugehen. Diese *Bose-Einstein-Kondensation* hat nichts mit einer Wechselwirkung zwischen den Teilchen zu tun, die z.B. die Kondensation von Wasserdampf zu flüssigem Wasser bewirkt. Sie beruht allein auf der quantenmechanischen «Austauschkraft» (Abschnitt 6.5) und betrifft nur identische Bosonen mit Masse. Elementare Teilchen dieser Art sind nicht stabil; für Experimente werden Atome benutzt, deren Elektronen- und Kernspins sich zu null addieren. Einsteins kritische Temperatur hängt nur von Masse und Anzahldichte der Teilchen ab. Für die Daten von flüssigem Helium ist $T_c = 3,14$ K. Die Bose-Einstein-Kondensation spielt offenbar eine Rolle bei der Erscheinung der Suprafluidität, die in der Nähe dieser Temperatur einsetzt, wird dabei aber von der Kondensation der Heliumatome zu einer herkömmlichen Flüssigkeit überlagert.

Im Rahmen der Wellenmechanik bedeutet Einsteins Bedingung, dass die mittlere Wellenlänge der Bosonen bei der kritischen Temperatur T_c etwa gleich dem mittleren Abstand zwischen ihnen ist. Bei sehr tiefer Temperatur können beide so groß werden, dass nur noch Austauschkräfte auftreten. Die Gruppe von Wieman und Cornell in Boulder konnte 1995 eine kleine Probe stark verdünnten, sehr kalten Rubidium-Gases herstellen. Bei Abkühlung unter 170 Nanokelvin (170×10^{-9} K) zog sie sich unter dem Einfluss der Austauschkräfte auf einen Bereich von weniger als 0,1 mm zusammen. Das war die endgültige Demonstration der Bose-Einstein-Kondensation.

Eine der Voraussetzungen dafür war die starke Verlangsamung, also Kühlung, der Atome durch Laserlicht, die 1974 von Hänsch und Schawlow in Stanford vorgeschlagen und 1985 von den Gruppen von Phillips am National Bureau of Standards in Gaithersburg und von Chu an den Bell-Laboratorien in Holmdel realisiert wurde. Die Atome laufen einem Laserstrahl entgegen, durch dessen Lichtquanten sie auf ein höheres Energieniveau angeregt und dabei abgebremst werden. Zwar emittieren die Atome umgehend Quanten der gleichen Frequenz. Da dabei keine Richtung bevorzugt wird, resultiert daraus insgesamt eine Verlangsamung.

12 Anwendungen der modernen Physik

Zu den Lebensgrundlagen der modernen Welt gehören die technischen Anwendungen der Naturwissenschaften und damit auch der Physik. Die Industrialisierung im 19. Jahrhundert wurde durch Dampfkraft und Elektrifizierung ermöglicht. Wichtige

Technologien des 20. Jahrhunderts hätten ohne genaue Kenntnis der modernen Physik nicht entstehen können. So gründen sich die gegenwärtigen Computer- und Kommunikationstechniken auf ein genaues Verständnis der Halbleiter. Wir begnügen uns hier mit drei Themen, dem Kernreaktor, der Kernspin-Resonanz und dem Laser.

12.1 Kernreaktor

Als die Spaltung von Urankernen durch Neutronen Anfang 1939 bekannt wurde (Abschnitt 7.6), stellten Physiker an vielen Orten folgende Überlegung an: Bei der Spaltung sollten neben zwei Kernbruchstücken noch Neutronen entstehen, weil der Urankern im Vergleich zur Zahl seiner Protonen mehr Neutronen enthält als mittelschwere Kerne. Könnte man eine Anordnung schaffen, in der im Mittel wenigstens eines der aus einer Spaltung stammenden Neutronen eine weitere Spaltung hervorriefe, so liefen diese *Kettenreaktionen* selbständig in großer Zahl ab und setzten nutzbare Energie und Strahlung frei. Einen entscheidenden Hinweis auf dem Weg zu einem solchen *Reaktor* gab Bohr. Aus einer genauen Analyse früherer Experimente von Hahn, Meitner und Strassmann schloss er, dass nur das relativ seltene Uran-Isotop ^{235}U gespalten wird, und zwar durch thermische Neutronen. Das weitaus häufigere Isotop ^{238}U dagegen absorbiert Neutronen und wandelt sich dabei in Transurane um, insbesondere auch, wie man später fand, in Plutonium (vgl. Abschnitt 7.7).

Schon im März 1939 konnte Joliot mit zwei Mitarbeitern in Paris nachweisen, dass in der Tat bei jeder Spaltung etwa 3 Neutronen frei werden; der Bau eines Reaktors war damit prinzipiell möglich. Er musste offenbar Uran enthalten und eine zweite Substanz, den *Moderator*, zur Abbremsung der Neutronen auf thermische Energie (Abschnitt 7.3). Er musste eine Mindestgröße haben, damit nicht zu viele Neutronen nach außen verloren gingen. Auch Verluste durch Absorption im Uran, im Moderator oder in Verunreinigungen von beiden waren klein zu halten. Joliot schloss gewöhnliches Wasser H_2O als Moderator aus, weil die Kerne von dessen Wasserstoffatomen (H) sich durch Einfang eines Neutrons in die von Deuterium (D), einem schweren Wasserstoff-Isotop, umwandeln können. Er wollte schweres Wasser D_2O verwenden. Seine Vorbereitungen für den Bau eines Reaktors wurden aber mit der Besetzung Frankreichs 1940 beendet.

Nach dem Empfang des Nobelpreises im Herbst 1938 war Fermi nicht nach Italien zurückgekehrt, sondern hatte eine Professur an der Columbia-Universität in New York angenommen. Auch er konnte mit seiner neuen Gruppe im Sommer 1939 Spaltungsneutronen nachweisen. Bald nach dem Ausbruch des Krieges in Europa begannen die USA ein groß angelegtes Forschungs- und Entwicklungsprogramm mit dem Ziel einer militärischen Nutzung der Kernspaltung. Dazu gehörten Planung und Bau des ersten Reaktors unter Fermis wissenschaftlicher Leitung, erst in New York und später in Chicago. Trotz seiner verhältnismäßig großen Atommasse erwies sich Kohlenstoff in Form von Graphit als geeigneter Moderator. Man fand Wege zur Herstellung von Uran und Graphit hoher Reinheit; diese Stoffe wurden von der Industrie produziert. Die Regelung eines Kernreaktors ist möglich, weil ein kleiner Teil der Spaltungsneutronen mit einer Verzögerung von etwa einer Minute auftritt. Steigt die Rate der Neutronen über einen Höchstwert, so führt man einen effizienten Neutronenabsorber – Fermi nahm Streifen von Cadmium – in den Reaktor ein. Fällt sie unter einen Mindestwert, zieht man den Absorber heraus. Der erste Reaktor diente nur zur Demonstration der selbständigen Kettenreaktion. Da ein eigenes Gebäude noch nicht fertig war, wurde er in einer Sporthalle unterhalb der Tribüne eines Stadions der Universität Chicago aufgebaut. Er bestand aus 6 Tonnen Uranmetall, 34 Tonnen Uranoxid und 400 Tonnen Graphit, wurde am 12. Dezember 1942 «kritisch» und erreichte dabei eine Wärmeleistung von etwa 0,5 Watt.

Kernreaktoren werden heute zivil genutzt, z. B. als Neutronenquelle für Forschungszwecke, zur Erzeugung radioaktiver Isotope für medizinische Anwendungen und als Wärmequelle zur Elektrizitätserzeugung. Moderne Kernkraftwerke haben etwa 1 Gigawatt Wärmeleistung, ca. eine Milliarde Mal so viel wie Fermis Reaktor.

12.2 Kernspin-Resonanz

Wir erwähnten in Abschnitt 3.7, dass der Spin des Elektrons mit einem magnetischen Moment von der Größe des Bohrschen Magnetons $1\mu_B$ verknüpft ist. Auch Proton und Neutron besitzen magnetische Momente, die noch etwa tausendmal kleiner sind. Ähnlich wie die Elektronen der Atomhülle können die Momente der Atomkerne in einer geeigneten Anordnung elektromagnetische Strahlung absorbieren und wieder emittieren. Diese *Magnet-Resonanz-Spektroskopie* an Volumenmaterie (im Gegensatz zu einzelnen Atomen) begann Ende 1945 mit unabhängigen Experimenten der Gruppen von Bloch, der seit 1934 Professor an der Stanford-Universität war, und von Purcell an der Harvard-Universität. Beide zeigten, dass sich das magnetische Moment von Protonen sehr genau wie folgt messen lässt: Wasserstoffhaltige Materie befindet sich in einem Magnetfeld. Die Komponenten des Spins und damit des magnetischen Moments der Protonen in Richtung des Feldes können zwei Zustände von leicht unterschiedlicher Energie annehmen: parallel bzw. antiparallel zum Feld. Die Energiedifferenz ΔE ist nur durch das magnetische Moment der Protonen und die Stärke des Feldes bestimmt. Aufgrund der Boltzmann-Statistik ist der Zustand mit niedriger Energie leicht bevorzugt (vgl. S. 15). Es entsteht eine makroskopische Magnetisierung, die sich dadurch beeinflussen lässt, dass man die Probe mit elektromagnetischen Wellen der *Resonanzfrequenz* ν bestrahlt, deren Quantenenergie gerade gleich ΔE ist, $h\nu = \Delta E$. Für die gewöhnlich benutzten Magnetfelder liegt die Resonanzfrequenz im Bereich der UKW-Radiowellen. Sowohl Absorption als auch Emission von Strahlung bei Resonanz werden mit Radiotechniken nachgewiesen. Die Resonanzfrequenz verschiebt sich geringfügig um einen Betrag $\Delta\nu$ unter dem Einfluss der Elektronen in der Nachbarschaft des Protons und zeigt so dessen Stellung innerhalb eines Moleküls an. Bloch entwickelte 1946 ein theoretisches Modell, das Aussagen über die weitere Umgebung eines Protons zulässt. Wird die Strahlung plötzlich abgeschaltet, so kehrt die Magnetisierung in die Ausgangslage zurück, und zwar unterschiedlich schnell für die Komponenten in Richtung des Magnetfeldes bzw. senkrecht dazu; die dafür charakteristischen Zeiten T_1 bzw. T_2 kommen durch Austausch von Schwingungsenergie mit anderen Molekülen bzw. Wechselwirkungen zwischen einzelnen Spins zustande. Neben dem Resonanzsignal selbst können die Größen $\Delta \nu$, T_1 und T_2 gemessen werden und Aufschluss über die Umgebung der Protonen geben.

Die Kernspin-Resonanz wird heute in der medizinischen Diagnostik zur *Bildgebung* benutzt. Nach Analyse der Messdaten werden im Computer Dateien angelegt, in denen der Körper des Patienten in etwa 1 Kubikmillimeter große Volumenelemente aufgeteilt ist, deren jedes Information über die Dichte der Protonen und die oben erwähnten Umgebungsparameter enthält. Aus dieser Information lassen sich Bilder herstellen, die beliebige Schnitte durch den Körper zeigen. Dichte und Umgebungsparameter bestimmen die Einfärbung der einzelnen Bildelemente, und zwar angepasst an die medizinische Fragestellung. Den entscheidenden Schritt hin zu dieser *Kernspin-Tomographie* tat Ende 1972 Lauterbur in Stony Brook. Er arbeitete mit einem Magnetfeld, das Resonanzbedingungen nur entlang einer dünnen Linie schuf, führte Messungen für viele Linien aus, die ein künstliches Versuchsobjekt in einer Ebene sternförmig durchsetzten, und rekonstruierte daraus das Bild des Objekts in dieser Ebene. Die Methode wurde insbesondere von Mansfield in Nottingham weiterentwickelt. Unter anderem nutzte er, wie heute allgemein üblich, Spulen aus supraleitendem Material zur Erzeugung eines hohen Magnetfeldes.

12.3 Maser und Laser

Einstein gab 1916 eine Herleitung des Planckschen Strahlungsgesetzes. Er diskutierte die Absorption und die Emission von Strahlung durch Materie und unterschied dabei zwischen *spontaner* und *stimulierter* Emission. Ein Atom (oder Molekül) mit

der Grundzustandsenergie E_1 geht durch Absorption eines Lichtquants der Energie $h\nu_{21} = E_{21}$ in einen Zustand höherer Energie
E_2 über. Es kann dann ein Quant der gleichen Energie E_{21} auf
verschiedene Weise emittieren: spontan, d. h. ohne äußeren Anlass, aber auch, wenn es durch Strahlung dieser Frequenz dazu
stimuliert wird. Bei Einstrahlung der Frequenz ν_{21} ist die Wahrscheinlichkeit für Absorption bzw. stimulierte Emission proportional zu den Zahlen n_1 bzw. n_2 der Atome, mit denen die Niveaus E_1 bzw. E_2 besetzt sind. Im thermischen Gleichgewicht ist
wegen des Boltzmann-Faktors (S. 15) n_1 größer als n_2; die Absorption überwiegt. Gelingt aber eine *Besetzungsinversion*, so
dass n_2 größer als n_1 ist, dann ist die stimulierte Emission häufiger: Aus wenig Strahlung der Frequenz ν_{21} wird mehr; die Anordnung wirkt wie ein *Verstärker*, dessen entscheidende Bauteile
die Atome (oder Moleküle) sind. Unter geeigneten Umständen
dauert die Emission an; die Anordnung wirkt als *Strahlungs-
quelle*. Dies ist das Grundprinzip von Maser und Laser.

Für Experimente wurden ursprünglich Strahlen aus neutralen Molekülen im Vakuum benutzt, die sich in elektrischen
oder magnetischen Feldern bewegten und darin die Energien
E_1, E_2 annehmen konnten. Purcell und Pound erreichten 1950
an der Harvard-Universität erstmals Besetzungsinversion. Townes und Mitarbeiter an der Columbia-Universität konstruierten
1954 mit einem Strahl aus Ammoniak-Molekülen (NH_3) den
ersten Verstärker für Mikrowellen (elektromagnetische Strahlung mit Wellenlängen im Zentimeterbereich) und nannten ihn
Maser nach den Anfangsbuchstaben des Ausdrucks «*m*icrowave
*a*mplification by *s*timulated *e*mission of *r*adiation». Basov und
Prokhorov bauten unabhängig davon einige Monate später am
Lebedev-Institut in Moskau einen Maser auf der Basis von
Cäsiumfluorid-Molekülen. Auch die Kernspin-Resonanz war
zunächst an Molekularstrahlen beobachtet worden, fand aber
breite Anwendung erst in Volumenmaterie. Den entsprechenden
Schritt für den Maser tat Bloembergen 1956 an der Harvard-
Universität mit seinem Vorschlag eines Festkörper-Masers, den
er 1958 mit zwei Mitarbeitern realisierte: Ein Kristall enthält
isolierte und damit voneinander unabhängige Fremdmoleküle,

von denen drei Energieniveaus $E_1 < E_2 < E_3$ genutzt werden. Besetzungsinversion lässt sich dann durch eine «Pumpstrahlung» erreichen (siehe Abb.).

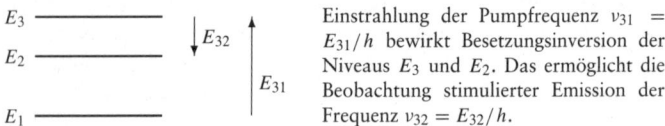

E_3 —————— $\downarrow E_{32}$ $\uparrow$

E_2 ——————

E_{31}

E_1 ——————

Einstrahlung der Pumpfrequenz $\nu_{31} = E_{31}/h$ bewirkt Besetzungsinversion der Niveaus E_3 und E_2. Das ermöglicht die Beobachtung stimulierter Emission der Frequenz $\nu_{32} = E_{32}/h$.

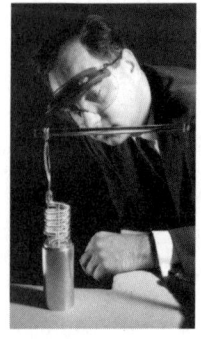

Maiman mit Laser

Die Mikrowellenstrahlung eines Masers ist extrem frequenzgenau und, wegen der stimulierten Emission, kohärent, d. h. phasengleich. Schawlow von den Bell-Laboratorien und Townes zeigten 1958 einen Weg auf, auch Lichtstrahlung mit solchen Eigenschaften zu erzeugen. Schon 1959 konstruierte Maiman in den Hughes-Forschungslabors in Kalifornien den ersten *Laser* – das *L* steht natürlich für «Licht»: Ein zylindrischer Rubin-Kristall mit verspiegelten parallelen Endflächen wurde von einer handelsüblichen Blitzlichtlampe mit Pumpstrahlung versorgt. Die im Kristall auftretende Strahlung wurde wiederholt zwischen den Endflächen reflektiert und stimulierte weitere Strahlung. Ein Teil konnte durch eine Öffnung in der Verspiegelung austreten. Rubin besteht aus Aluminiumoxid mit einer geringen Beimischung von Chromatomen. Letztere färben den Kristall und das von ihnen ausgehende Laserlicht rot.

Heute gibt es Laser für viele Wellenlängen auf der Basis ganz verschiedener Materie mit Anwendungen in Forschung, Technik, Medizin, Kommunikation und Unterhaltung.

Nachwort

Rückblickend erkennen wir zwei große Themen der modernen Physik: das Verständnis von Raum und Zeit und die Erforschung des Aufbaus der Materie. Das Erste wurde wesentlich von Einstein gestaltet, das Zweite von Generationen experimenteller und theoretischer Physiker, darunter auch Einstein.

Die Untersuchung der Materie kann als dreiteilige Aufgabe gesehen werden: das Auffinden ihrer Bausteine, das Erkennen der Kräfte zwischen ihnen und das Verstehen der dynamischen Gesetze, die für beide gelten. Im Laufe der Zeit wurden immer kleinere Bausteine gefunden: Atome, bestehend aus Elektronen und Kernen, Letztere aufgebaut aus Nukleonen und diese schließlich aus Quarks. Heute gilt: Die Leptonen – eines davon ist das Elektron – und die Quarks sind die fundamentalen Bausteine. Neben den vertrauten Kräften der Schwere und der Elektrizität erkannte man allmählich zwei weitere, die einfach schwach bzw. stark genannt wurden. Die Kräfte werden durch Bosonen vermittelt, die elektromagnetische durch das Photon, die schwache durch zwei sehr schwere Bosonen und die starke durch das Gluon. Die dynamischen Gesetze sind die der Quantenmechanik, die an die Stelle der Newtonschen Mechanik trat. Sie entstand zunächst als die frühe Quantentheorie von Planck, Einstein und Bohr, dann als die Quantenmechanik von Heisenberg, Schrödinger und Dirac und endlich als die Quantenfeldtheorie von Schwinger und Feynman. An der Verbindung von Quantentheorie und Schwerkraft wird noch gearbeitet.

Erst mithilfe der Quantenmechanik lassen sich viele Erscheinungen in makroskopischer Materie verstehen. Dazu zählen die elektrischen Eigenschaften von Leitern und Halbleitern. Letztere sind die Grundlage der Computer- und Kommunikationstechnologie. Auch der Laser ist ein erfolgreiches Produkt moderner Physik. Trotz solcher praktischen Erfolge bleibt die Physik eine Grundlagenwissenschaft. Nicht die Anwendung, sondern die Naturerkenntnis steht im Vordergrund. Wenn überhaupt, ergeben sich Anwendungen nicht selten erst Jahrzehnte später aus dem Gewinn einer wichtigen Erkenntnis. Die Quantenmechanik und insbesondere experimentelle Methoden der modernen Physik wie Untersuchungen großer Moleküle mit Kernresonanz- oder Röntgenverfahren werden immer häufiger von Chemikern und Biologen angewandt und schlagen so Brücken zwischen den Naturwissenschaften.

Nach wie vor gibt es viele offene Fragen in der Physik. Wir erwähnen nur zwei: Warum haben die Leptonen und Quarks verschiedene Massen, ja warum haben sie überhaupt eine Masse? Warum gibt es drei verschiedene Generationen von Leptonen und Quarks und offenbar nicht noch weitere?

Wenn man aus der Vergangenheit auf die Zukunft schließen kann, dann wird es wie im vergangenen Jahrhundert auch im gegenwärtigen zu völlig unerwarteten Entdeckungen kommen. Diese könnten wieder zu einer wesentlichen Erweiterung der Physik führen, gewissermaßen zu einer postmodernen Physik.

Literatur

S. Brandt, The Harvest of a Century – Discoveries of Modern Physics in 100 Episodes, Oxford 2009

H. Fritzsch, Elementarteilchen, München 2004

A. Hermann, Weltreich der Physik – Von Galilei bis Heisenberg, Stuttgart 1991

K. von Meÿen (Hrsg.), Die Großen Physiker, 2 Bde., München 1997

R. Locqueneux, Kurze Geschichte der Physik, Göttingen 1989

W. Schreier (Hrsg.), Geschichte der Physik – Ein Abriss, Berlin 1991

E. Segrè, Die großen Physiker und ihre Entdeckungen, München 1984

K. Simonyi, Kulturgeschichte der Physik, Thun und Frankfurt a. M. 1990

S. Weinberg, The Discovery of Subatomic Particles, New York 1983

Bildnachweis

ACJC, Paris (S. 23); American Institute of Physics, College Park (S. 68); Archiv der Max-Planck-Gesellschaft, Berlin (S. 24, 38, 44, 57, 60, 63, 66, 73, 77, 78, 110); CERN, Genf (S. 40, 75, 94, 97, 104); ICTP, Triest (S. 97); LBL, Berkeley (S. 81); SLAC, Stanford (S. 94).

Namenverzeichnis
(NP steht für Nobelpreis)

Sachverzeichnis